エアリーの応力関数 （体積力が0の場合）

$$\sigma_{xx} = \frac{\partial^2 \chi}{\partial y^2}$$

$$\sigma_{yy} = \frac{\partial^2 \chi}{\partial x^2}$$

$$\sigma_{xy} = -\frac{\partial^2 \chi}{\partial x \partial y}$$

平面応力状態の歪と応力の関係

$$\sigma_{xx} = \frac{E}{(1+\nu)(1-\nu)}(e_{xx} + \nu e_{yy})$$

$$\sigma_{yy} = \frac{E}{(1+\nu)(1-\nu)}(e_{yy} + \nu e_{xx})$$

$$\sigma_{xy} = \frac{E}{1+\nu}e_{xy}$$

$$e_{xx} = \frac{1}{E}(\sigma_{xx} - \nu \sigma_{yy})$$

$$e_{yy} = \frac{1}{E}(\sigma_{yy} - \nu \sigma_{xx})$$

$$e_{xy} = \frac{1+\nu}{E}\sigma_{xy}$$

$$e_{zz} = -\frac{\nu}{E}(\sigma_{xx} + \sigma_{yy})$$

平面歪状態の歪と応力の関係

$$\sigma_{xx} = \frac{E(1-\nu)}{(1+\nu)(1-2\nu)}(e_{xx} + \frac{\nu}{1-\nu}e_{yy})$$

$$\sigma_{yy} = \frac{E(1-\nu)}{(1+\nu)(1-2\nu)}(e_{yy} + \frac{\nu}{1-\nu}e_{xx})$$

$$\sigma_{xy} = \frac{E}{1+\nu}e_{xy}$$

$$\sigma_{zz} = \frac{E\nu}{(1+\nu)(1-2\nu)}(e_{xx} + e_{yy})$$

$$e_{xx} = \frac{(1+\nu)(1-\nu)}{E}(\sigma_{xx} - \frac{\nu}{1-\nu}\sigma_{yy})$$

$$e_{yy} = \frac{(1+\nu)(1-\nu)}{E}(\sigma_{yy} - \frac{\nu}{1-\nu}\sigma_{xx})$$

$$e_{xy} = \frac{1+\nu}{E}\sigma_{xy}$$

弾性体力学

変形の物理を理解するために

中島淳一・三浦 哲［著］

16

フロー式
物理演習
シリーズ

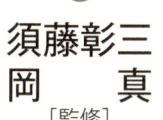

須藤彰三
岡　真
［監修］

共立出版

刊行の言葉

　物理学は，大学の理系学生にとって非常に重要な科目ですが，"難しい"という声をよく聞きます．一生懸命，教科書を読んでいるのに分からないと言うのです．そんな時，私たちは，スポーツや楽器（ピアノやバイオリン）の演奏と同じように，教科書でひと通り"基礎"を勉強した後は，ひたすら（コツコツ）"練習（トレーニング)"が必要だと答えるようにしています．つまり，1つ物理法則を学んだら，必ずそれに関連した練習問題を解くという学習方法が，最も物理を理解する近道であると考えています．

　現在，多くの教科書が書店に並んでいますが，皆さんの学習に適した演習書（問題集）は，ほとんど見当たりません．そこで，毎日1題，1ヵ月間解くことによって，各教科の基礎を理解したと感じることのできる問題集の出版を計画しました．この本は，重要な例題30問とそれに関連した発展問題からなっています．

　物理学を理解するうえで，もう1つ問題があります．物理学の言葉は数学で，多くの"等号（＝）"で式が導出されていきます．そして，その等号1つひとつが単なる式変形ではなく，物理的考察が含まれているのです．それも，物理学を難しくしている要因であると考えています．そこで，この演習問題の中の例題では，フロー式，つまり流れるようにすべての導出の過程を丁寧に記述し，等号の意味がわかるようにしました．さらに，頭の中に物理的イメージを描けるように図を1枚挿入することにしました．自分で図に描けない所が，わからない所，理解していない所である場合が多いのです．

　私たちは，良い演習問題を毎日コツコツ解くこと，それが物理学の学習のスタンダードだと考えています．皆さんも，このことを実行することによって，驚くほど物理の理解が深まることを実感することでしょう．

須藤　彰三
岡　　真

まえがき

　力を加えると変形し，その力を取り除くと元の形状に戻る性質をもつ媒質を弾性体といいます．弾性体力学は古典力学の1つで，弾性体の変形を数学的に記述する学問です．日常生活では「弾性体」を意識することはほとんどありませんが，変形が小さいときには身の周りの多くの媒質は弾性体として近似することができます．たとえば，機械や構造物，材料などは弾性体として扱うことができ，構造物の強度設計や材料の開発・加工は弾性体力学がその基礎となっています．また，地球内部の断層運動や地震波の伝播過程の解析，地盤の応答解析などに弾性体力学が用いられています．このように弾性体力学は応用範囲が広く，理工学の多くの分野の基礎を担っている重要かつ実用的な学問の1つです．しかしながら，弾性体の変形を直感的に理解するのは容易ではないこと，変形を記述するにはテンソルの理解が不可欠なこと，総和規約という特殊な表記方法で基礎方程式が記載されていることなどから，学生にとっては難しい分野の1つかもしれません．

　弾性体力学や材料力学の教科書は，実用的な構造解析や材料加工を目的としたものが多く，弾性論の基礎がていねいに記載されている初級レベルの教科書・演習書は非常に少ないのが現状です．本書は，弾性体力学・固体力学・材料力学・機械工学・土木工学・地震学などをはじめて学ぶ学生を対象にした線形弾性論の演習書であり，いずれの分野でも役に立つ弾性論の基礎をできるだけ平易に記述することを心がけました．内容は総和規約などの数学的基礎，歪・応力の定式化，基礎方程式の導出，弾性定数の物理的意味，および簡単な2次元問題を中心に，線形弾性論を学ぶうえで必ず理解してほしい例題30問を取り上げています．例題では変形を数学的に簡潔に記述できるよう解析解がある等方弾性体の微小変形問題のみを扱っており，高校や大学1年で学ぶ数学の素養があれば理解できる内容となっています．さらに各例題では，問題の具体的なイメージがわかるように問題設定の背景や物理的意味を説明し，その例題で何を習得してほしいかを記載してあります．

本書は著者が担当している東北大学理学部宇宙地球物理学科の学部3年生向けの講義をベースにしているため，既刊の材料力学や機械工学の教科書では詳しく扱っていない歪と応力の数学的記述や等方弾性体の構成則の導出，弾性定数の物理的意味など，数理的な基礎に多くページを割いています．この点は本書の特徴の1つであるといえます．一方で，エネルギー原理に基づく数値計算による近似解法，弾性的異方性をもつ媒質や塑性・粘弾性を示す媒質の変形などは本書では扱っていません．実用的な解析を目的とした教科書・専門書は多数出版されているので，必要に応じてそれらを参考に学習してください．本書で扱う線形弾性論の基礎をしっかりと理解できていれば，発展的な内容にも十分に対応できるでしょう．

　本書の多くの部分は，山本清彦先生の弾性体力学の講義ノートに基づいています．また，本書の執筆にあたり，須藤彰三先生，岡真先生，共立出版の島田誠氏には大変お世話になりました．特に須藤先生には原稿に対してていねいなコメントを頂きました．深く御礼申し上げます．また，矢部康男氏，太田雄策氏，豊国源知氏には原稿の初期段階から内容について貴重なご指摘を頂きました．椎名高裕君には原稿や図の作成に協力してもらいました．ここに謝意を表します．

2014年7月

中島　淳一
三浦　哲

目 次

まえがき iii

1 弾性体力学を学ぶための基礎　1
例題 1【総和規約】 7
例題 2【クロネッカーのデルタ】 9
例題 3【微分演算子】 11
例題 4【テンソルの対角成分の和】 12

2 歪　16
例題 5【1次元の歪】 26
例題 6【歪テンソルの幾何学的な意味】 28
例題 7【主軸と主歪（2次元）】 33
例題 8【体積歪】 37
例題 9【歪場と適合方程式】 39

3 応力　42
例題 10【応力テンソルの対称性】 49
例題 11【平衡方程式】 52
例題 12【コーシーの関係式】 54
例題 13【コーシーの関係式と応力ベクトル】 56
例題 14【主応力】 59
例題 15【モール円】 62
例題 16【クーロンの破壊基準】 64

4 フックの法則と弾性定数   67
- 例題 17【面対称な媒質における弾性定数】 73
- 例題 18【1つの軸の周りに回転対称な場合】 79
- 例題 19【直交する2つの軸の周りに回転対称な場合】 . . . 88
- 例題 20【ヤング率とポアソン比】 92
- 例題 21【歪の重ね合わせ】 95
- 例題 22【剛性率】 97
- 例題 23【体積弾性率】 99
- 例題 24【弾性体の変形 1】 102
- 例題 25【弾性体の変形 2】 104

5 弾性体の基礎方程式と歪エネルギー   108
- 例題 26【地震波速度とポアソン比】 113
- 例題 27【歪エネルギー】 114
- 例題 28【歪エネルギーと弾性定数】 117

6 2次元問題   120
- 例題 29【平面応力状態】 127
- 例題 30【片持ちはりとエアリーの応力関数】 132

A 参考文献   136

B テンソル   137

C 発展問題の略解   143

1 弾性体力学を学ぶための基礎

――《 弾性体と弾性体力学 》――

　身の周りにある媒質は原子や分子の密な集合体であり，それらの変形特性や流動過程を論じる際には，媒質の巨視的な連続性を仮定して定式化を行う連続体力学が用いられる．連続体力学には流体や気体を扱う流体力学と固体を扱う固体力学があり，固体力学は媒質の力学性質により，弾性体力学，粘弾性力学，塑性力学などに分類される．

　弾性体とは，力を加えると変形し，その力を取り除くと逆の経路をたどってもとの状態に戻る性質（弾性）をもっている媒質をさす．弾性体には加えた力（載荷）に対して線形的な変形をする線形弾性体と非線形的な変形をする非線形弾性体がある．この線形・非線形は弾性体（材料）の性質で決まるので，この場合の非線形性を材料的非線形という．一方，小さい力であれば線形的な変形をする弾性体であっても，大きな力を加えると力と変形の間に非線形関係が生じる場合がある．このような形状変形に伴う非線形性は幾何学的非線形とよばれている．

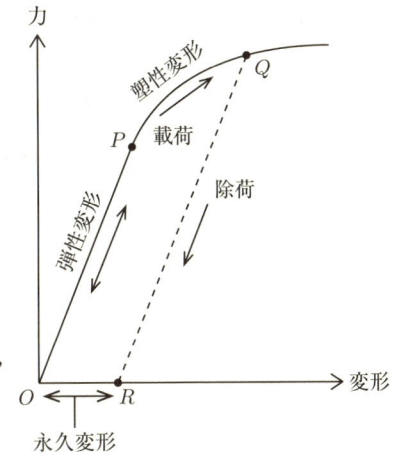

図 1.1: 弾塑性変形の概念図.

弾性変形であれば加えた力を取り除くともとの状態に戻るが，ある一定以上の力を加えると永久変形が生じ，もとの状態に戻らない性質（塑性）をもつ媒質もある．たとえば図 1.1 に示すような弾塑性変形をする媒質では，力が点 P に達するまでは線形弾性体の性質を示し，加えた力を取り除くと逆の経路をたどって点 O に戻る．この O-P 間の変形のように，加えた力に比例して変形が生じる関係をフックの法則という．高校で学んだフックの法則 ($F = kx$) は，加えた力とばねの伸び・縮みの関係を表す式であるが，その関係は一般的な線形弾性体にも適用できる．ばねの強さを表すばね定数に対応する量として，弾性体力学では弾性定数が用いられる．一方，点 P を超えて力を加え続けると塑性変形が生じ，点 Q において力を取り除いても，もとの経路をたどって点 O に戻ることはなく，Q-R を経て点 R の状態となる．つまり，力を取り除いても O-R に相当する永久変形が残る．このような永久変形を引き起こす変形を塑性変形という．

弾性体の変形を記述する際には，幾何的な変形を表す「歪（ひずみ）」と力学的な物理量である「応力」を用いる．歪と応力は媒質の弾性的性質とは無関係に理論的な考察から導出することができ，歪解析では弾性体の連続性，応力解析では弾性体の平衡性が制約条件となる（図 1.2）．一方で，歪と応力の関係を規定する構成則は媒質の弾性的性質（弾性定数）に依存する．

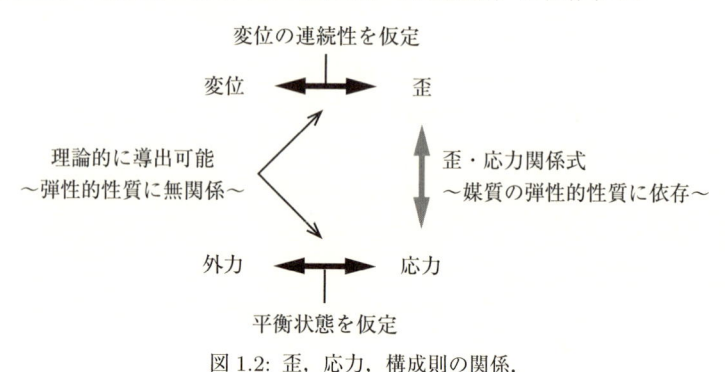

図 1.2: 歪，応力，構成則の関係．

本書ではさまざまな分野の解析に適用できる線形弾性体の変形を取り扱う．その際，変形の度合いは極めて小さく，弾性体内の任意の場所で微小変形の仮

定が成り立っているものとする．さらに，変形前後の状態で弾性体のつり合い を考え，変形による媒質の温度変化はないものとする．これらの条件は問題設 定を単純化するための仮定であるが，構造解析や強度設計，材料の開発，地球 内部構造解析などの多くの問題に適用できる実用的な仮定でもある．

なお，弾性体という分類は絶対的なものではなく，変形を考える時間スケー ルに依存することに注意してほしい．たとえば，地球内部のマントルはゆっく りと流動しているため，数 100 万年という非常に長い地質学的な時間スケー ルでは流体としてふるまうが，地震波が伝播するような短い時間スケールでは 弾性体として扱うことができる．逆に，物体が気体中に高速で突入する場合に は，通常は流体として扱う気体を弾性体と近似することでその現象をうまく説 明することができる．

《 数学的基礎 》

弾性体力学を理解するために必要な総和規約や数学的基礎について学ぶ．弾 性体力学で用いる表記法は一般にはなじみのないものが多いが，総和規約など は弾性体力学の基礎方程式を簡潔に記述するために不可欠な表記法である．本 章の内容をしっかりと理解し，次章以降に進んでほしい．

変数の表現

x_i $(i=1,2,3,\ldots,n)$ は $x_1, x_2, x_3, \ldots, x_n$ を表す．ここで，添え字の i を指 標という．

総和規約

総和規約とは「1 つの項の中の指標の繰り返しは，その指標についてとり得 るすべての範囲の和をとる」という決まりであり，アインシュタインの縮約記 法ともよばれる．

例えば，3 次元での平面の方程式は

$$a_1 x_1 + a_2 x_2 + a_3 x_3 = P \quad (a_1, a_2, a_3, P : 定数)$$

と表せる．和の記号を用いると

$$\sum_{i=1}^{3} a_i x_i = P$$

と書ける．この式を総和規約を用いて書くと

$$a_i x_i = P \qquad (i=1,2,3) \tag{1.1}$$

となる．ここで，左辺では指標 i が繰り返し使われているので，$i=1,\ 2,\ 3$ の和をとることになる．総和規約のために使われる指標をダミー指標（擬標）という．指標は i でも j でも同じ意味であり，1つの項の中で繰り返し使われることに意味がある．

交代記号

エディントンのイプシロンともよばれ，以下のように定義される．

$$\epsilon_{ijk} = \begin{cases} 1 & （指標\ i,j,k\ の偶置換） \\ -1 & （指標\ i,j,k\ の奇置換） \\ 0 & （2つ以上の指標が等しい場合） \end{cases} \tag{1.2}$$

この関係を具体的に表すと，

$$\begin{aligned}\epsilon_{123} = \epsilon_{231} = \epsilon_{312} &= 1 \\ \epsilon_{132} = \epsilon_{321} = \epsilon_{213} &= -1 \\ \epsilon_{ijk} &= 0 \quad （上記以外）\end{aligned}$$

となる．なお，偶置換とは指標 i, j, k のうち，2つの指標を偶数回入れ替えると 123 の順に，奇置換とは指標 i, j, k のうち，2つの指標を奇数回入れ替えると 123 の順になる置換をいう．

クロネッカーのデルタ

$$\delta_{ij} = \begin{cases} 1 & (i=j) \\ 0 & (i \neq j) \end{cases} \tag{1.3}$$

微分の表記

n 個の変数をもつ関数 $f(x_1, x_2, \ldots, x_n)$ の全微分は,

$$df = \frac{\partial f}{\partial x_1}dx_1 + \frac{\partial f}{\partial x_2}dx_2 + \cdots + \frac{\partial f}{\partial x_n}dx_n$$

である.総和規約を用いると,

$$df = \frac{\partial f}{\partial x_i}dx_i \tag{1.4}$$

と書ける.これをさらに,

$$df = f_{,i}dx_i \tag{1.5}$$

と書くこともある.つまり,$f_{,i}$ は関数 f の x_i 微分を表す.

ベクトルとテンソルの成分の座標変換

直交直線座標系 $Ox_1x_2x_3$ を,原点において反時計回りに角度 θ だけ回転させた座標系を $Ox_1'x_2'x_3'$ とする.この回転によるベクトルの成分の座標変換は

$$x_i' = \alpha_{ij}x_j$$

と表せる(付録 B 参照).ここで,α_{ij} は x_i' 軸と x_j 軸に沿う単位ベクトルの方向余弦であり,x_i' 軸と x_j 軸の間のなす角 θ を用いて

$$\alpha_{ij} = \cos\theta \tag{1.6}$$

と定義される.一方で,逆変換は

$$x_i = \alpha_{ji}x_j'$$

と表せる.

ここで,方向余弦を成分にもつ行列

$$M = [\alpha_{ij}] = \begin{pmatrix} \alpha_{11} & \alpha_{12} & \alpha_{13} \\ \alpha_{21} & \alpha_{22} & \alpha_{23} \\ \alpha_{31} & \alpha_{32} & \alpha_{33} \end{pmatrix} \tag{1.7}$$

を用いると,ベクトルの成分の座標変換は

$$\begin{pmatrix} x'_1 \\ x'_2 \\ x'_3 \end{pmatrix} = \begin{pmatrix} \alpha_{11} & \alpha_{12} & \alpha_{13} \\ \alpha_{21} & \alpha_{22} & \alpha_{23} \\ \alpha_{31} & \alpha_{32} & \alpha_{33} \end{pmatrix} \begin{pmatrix} x_1 \\ x_2 \\ x_3 \end{pmatrix} = M \begin{pmatrix} x_1 \\ x_2 \\ x_3 \end{pmatrix} \tag{1.8}$$

逆変換は

$$\begin{pmatrix} x_1 \\ x_2 \\ x_3 \end{pmatrix} = \begin{pmatrix} \alpha_{11} & \alpha_{21} & \alpha_{31} \\ \alpha_{12} & \alpha_{22} & \alpha_{32} \\ \alpha_{13} & \alpha_{23} & \alpha_{33} \end{pmatrix} \begin{pmatrix} x'_1 \\ x'_2 \\ x'_3 \end{pmatrix} = M^T \begin{pmatrix} x'_1 \\ x'_2 \\ x'_3 \end{pmatrix} \tag{1.9}$$

と表せる.M^T は転置行列である.この M は座標回転による座標の変換を与え,座標変換行列または回転行列とよばれる.式 (1.8),(1.9) より,$M^T = M^{-1}$ なので M は直交行列である.

テンソルの各成分 T_{ij} の座標変換は

$$T'_{ij} = \alpha_{ik}\alpha_{jl}T_{kl} \tag{1.10}$$

逆変換は

$$T_{ij} = \alpha_{ki}\alpha_{lj}T'_{kl} \tag{1.11}$$

と表せる (付録 B 参照).これらの式を行列の直接表記で書くと以下のようになる.

$$[T'] = [M][T][M]^T \tag{1.12}$$

$$[T] = [M]^T[T'][M]. \tag{1.13}$$

ここで,式 (1.12) と (1.13) の各量はテンソルではなく,テンソルの各成分からなる行列である.

例題 1　総和規約

次の式を総和規約を用いずに表せ．ただし，$i, j = 1, 2, 3$ とする．

(a) $a_i b_i$

(b) $x'_i = \beta_{ij} x_j$

考え方

1つの項の中で同じ指標が繰り返し用いられている場合には，総和規約が適用されているため，その指標についてとり得る範囲の和をとる．

(a) では指標 i，(b) では右辺で指標 j が繰り返し用いられていることに注目する．総和規約はアインシュタインが1916年に発表した論文中で考案した決まり事であり，ベクトルやテンソルの演算を簡潔に表すことができる優れた表記法である．総和規約で表されている式の意味をしっかりと確認してほしい．

‖解答‖

(a) 指標 i についてとり得る範囲 ($i = 1, 2, 3$) の和をとると

$$a_i b_i = a_1 b_1 + a_2 b_2 + a_3 b_3$$

となる．

(b) 右辺では指標 j が繰り返されているので，指標 j がとり得る範囲 ($j = 1, 2, 3$) の和をとると，

$$x'_i = \beta_{i1} x_1 + \beta_{i2} x_2 + \beta_{i3} x_3$$

となる．上式は同一項の中に指標の繰り返しはないので，$i = 1, 2, 3$ について，

$$x'_1 = \beta_{11} x_1 + \beta_{12} x_2 + \beta_{13} x_3 \quad (i = 1)$$
$$x'_2 = \beta_{21} x_1 + \beta_{22} x_2 + \beta_{23} x_3 \quad (i = 2)$$
$$x'_3 = \beta_{31} x_1 + \beta_{32} x_2 + \beta_{33} x_3 \quad (i = 3)$$

ワンポイント解説

・$\boldsymbol{a} = (a_1, a_2, a_3)$, $\boldsymbol{b} = (b_1, b_2, b_3)$ の内積 $\boldsymbol{a} \cdot \boldsymbol{b}$ は
$$\boldsymbol{a} \cdot \boldsymbol{b} = a_i b_i$$
と表せる．

・総和規約を用いると，式 (1.14) は
$$x'_i = \beta_{ij} x_j$$
と書ける．ここで j はダミー指標である．i はある方向を示す指標であり，自由指標とよばれる．

という 3 つの式が得られる．さらに，この式を行列形式で書くと

$$\begin{pmatrix} x'_1 \\ x'_2 \\ x'_3 \end{pmatrix} = \begin{pmatrix} \beta_{11} & \beta_{12} & \beta_{13} \\ \beta_{21} & \beta_{22} & \beta_{23} \\ \beta_{31} & \beta_{32} & \beta_{33} \end{pmatrix} \begin{pmatrix} x_1 \\ x_2 \\ x_3 \end{pmatrix} \quad (1.14)$$

となる．

コラム

総和規約：アインシュタインが，1916 年に発表した論文「Die Grundlage der allgemeinen Relativitätstheorie, Annalen der Physik, 354, 769-822」の中で提案した表記方法．論文の英語タイトルは「The Foundation of the General Theory of Relativity」．一般相対性理論に関する論文の 1 つである．総和規約については，「Note on a simplified way of writing the expressions」として以下のような記述がある[1]．「It is therefore possible, without loss of clearness, to omit the sign of summation. In its place, we introduce the convention:- If an index occurs twice in one term of an expression, it is always to be summed unless the contrary is expressly stated.」．1892 年に出版された弾性論の名著であるラブの教科書[2]では，総和規約が用いられていないため，基礎方程式が成分ごとに書かれており，式展開も複雑である．

---

[1] The collected papers of Albert Einstein, volume 6, Princeton University Press, 1997.
[2] A Treatise on the Mathematical Theory of Elasticity, Cambridge Univ. Press, 1892.

例題 2　クロネッカーのデルタ

次の式が成立することを示せ．ただし，$i, j = 1, 2, 3$ とする．

(a)　$\delta_{ii} = 3$

(b)　$\delta_{ij} a_j = a_i$

(c)　$\delta_{ij} e_{ij} = e_{ii}$

(d)　$\dfrac{\partial x_i}{\partial x_j} = \delta_{ij}$

考え方

(a) では指標 i，(b) では指標 j，(c) では指標 i, j が 1 つの項の中で繰り返されているので，これらの指標について和をとり計算する．一方で，(d) では 1 つの項の中に指標の繰り返しはないので，指標がとり得る範囲についてそれぞれ書き下せばよい．総和規約の標記に慣れるために，自分で手を動かして式展開を行ってほしい．

‖解答‖

(a)　$i = 1, 2, 3$ として和をとる．

$$\delta_{ii} = \delta_{11} + \delta_{22} + \delta_{33} = 3. \tag{1.15}$$

(b)　$j = 1, 2, 3$ として和をとる．

$$\delta_{ij} a_j = \delta_{i1} a_1 + \delta_{i2} a_2 + \delta_{i3} a_3.$$

上式は同一項の中に指標の繰り返しはないので，$i = 1, 2, 3$ について，それぞれ書き下すと，

$$\delta_{1j} a_j = \delta_{11} a_1 + \delta_{12} a_2 + \delta_{13} a_3 = a_1 \quad (i=1)$$
$$\delta_{2j} a_j = \delta_{21} a_1 + \delta_{22} a_2 + \delta_{23} a_3 = a_2 \quad (i=2)$$
$$\delta_{3j} a_j = \delta_{31} a_1 + \delta_{32} a_2 + \delta_{33} a_3 = a_3 \quad (i=3)$$

という 3 つの式が得られる．したがって，

ワンポイント解説

・$\delta_{ii} = 3$ は，以後の式変形でよく用いられるので覚えておくこと．

・$\delta_{12} = \delta_{13} = 0$
　$\delta_{21} = \delta_{23} = 0$
　$\delta_{31} = \delta_{32} = 0$
　$\delta_{11} = \delta_{22} = \delta_{33} = 1$

となる.

(c) 左辺では指標 i, j がともに繰り返されているので, i, $j = 1$, 2, 3 として和をとる.

$$\delta_{ij}a_j = a_i \tag{1.16}$$

$$\begin{aligned}\delta_{ij}e_{ij} &= \delta_{1j}e_{1j} + \delta_{2j}e_{2j} + \delta_{3j}e_{3j}\\ &= \delta_{11}e_{11} + \delta_{12}e_{12} + \delta_{13}e_{13}\\ &\quad + \delta_{21}e_{21} + \delta_{22}e_{22} + \delta_{23}e_{23}\\ &\quad + \delta_{31}e_{31} + \delta_{32}e_{32} + \delta_{33}e_{33}\\ &= e_{11} + e_{22} + e_{33} = e_{ii}.\end{aligned} \tag{1.17}$$

・まず, $i = 1$, 2, 3 として和をとる. 次に, $j = 1$, 2, 3 として和をとる.

・$\delta_{11} = \delta_{22} = \delta_{33} = 1$
$\delta_{12} = \delta_{13} = \delta_{21} = \delta_{23}$
$\quad = \delta_{31} = \delta_{32} = 0$

(d) 1つの項の中で繰り返し使われている指標はないので, i, $j = 1$, 2, 3 についてそれぞれ書いてみる.

$i = j = 1$ $\quad i = 1, j = 2$ $\quad i = 1, j = 3$
$\dfrac{\partial x_1}{\partial x_1} = 1$ $\quad \dfrac{\partial x_1}{\partial x_2} = 0$ $\quad \dfrac{\partial x_1}{\partial x_3} = 0$

$i = 2, j = 1$ $\quad i = j = 2$ $\quad i = 2, j = 3$
$\dfrac{\partial x_2}{\partial x_1} = 0$ $\quad \dfrac{\partial x_2}{\partial x_2} = 1$ $\quad \dfrac{\partial x_2}{\partial x_3} = 0$

$i = 3, j = 1$ $\quad i = 3, j = 2$ $\quad i = j = 3$
$\dfrac{\partial x_3}{\partial x_1} = 0$ $\quad \dfrac{\partial x_3}{\partial x_2} = 0$ $\quad \dfrac{\partial x_3}{\partial x_3} = 1.$

したがって, $i = j$ のとき 1, $i \neq j$ のときは 0 となる. よって, クロネッカーのデルタを用いて

$$\frac{\partial x_i}{\partial x_j} = \delta_{ij} \tag{1.18}$$

と書ける.

例題 3　微分演算子

$\nabla = \left(\dfrac{\partial}{\partial x_1}, \dfrac{\partial}{\partial x_2}, \dfrac{\partial}{\partial x_3}\right)$ のとき，次の式を総和規約を用いて表せ．ただし，$\boldsymbol{u} = (u_1, u_2, u_3)$ とする．

(a)　$\nabla \cdot \boldsymbol{u}$
(b)　$\nabla \times \boldsymbol{u}$

考え方

総和規約と微分表記
$$\frac{\partial f}{\partial x_i} = f_{,i}$$
を用いて式を整理する．総和規約を用いると，ベクトル演算が簡潔に表現できる．

解答

(a)
$$\nabla \cdot \boldsymbol{u} = \left(\frac{\partial}{\partial x_1}, \frac{\partial}{\partial x_2}, \frac{\partial}{\partial x_3}\right) \cdot (u_1, u_2, u_3)$$
$$= \frac{\partial u_1}{\partial x_1} + \frac{\partial u_2}{\partial x_2} + \frac{\partial u_3}{\partial x_3} = \frac{\partial u_i}{\partial x_i} = u_{i,i}$$

(b)
$$\nabla \times \boldsymbol{u} = \left(\frac{\partial}{\partial x_1}, \frac{\partial}{\partial x_2}, \frac{\partial}{\partial x_3}\right) \times (u_1, u_2, u_3)$$
$$= \left(\frac{\partial u_3}{\partial x_2} - \frac{\partial u_2}{\partial x_3}, \frac{\partial u_1}{\partial x_3} - \frac{\partial u_3}{\partial x_1}, \frac{\partial u_2}{\partial x_1} - \frac{\partial u_1}{\partial x_2}\right)$$
$$= \epsilon_{ijk} \frac{\partial u_k}{\partial x_j} \boldsymbol{e}_i$$

ここで，$\boldsymbol{e}_i$ は x_i 軸方向の単位ベクトルである．

ワンポイント解説

・$\dfrac{\partial u_i}{\partial x_i}$ は同一項の中で指標 i が 2 回使われているので，総和規約が適用される．

・交代記号 ϵ_{ijk}（式 (1.2)）を用いて記述できる．

例題 4 テンソルの対角成分の和

3次元直交直線座標系 $Ox_1x_2x_3$ を原点 O において反時計回りに角度 θ だけ回転させた新しい座標系を $Ox'_1x'_2x'_3$ とする. x'_i 軸と x_j 軸の間の方向余弦を α_{ij} とするとき,

$$\alpha_{ik}\alpha_{jk} = \delta_{ij} \tag{1.19}$$

を示せ. また, この関係を用いてテンソル T_{ij} の対角成分の和が座標変換の前後で変化しないことを示せ. ここで δ_{ij} はクロネッカーのデルタである.

考え方

簡単のため 2 次元座標 Ox_1x_2 を考える. 回転角 θ を用いると, 座標変換は

$$\begin{pmatrix} x'_1 \\ x'_2 \end{pmatrix} = \begin{pmatrix} \cos\theta & \sin\theta \\ -\sin\theta & \cos\theta \end{pmatrix} \begin{pmatrix} x_1 \\ x_2 \end{pmatrix}$$

と表せる. ここで, 式 (1.6) の関係を用いると

$$\begin{pmatrix} x'_1 \\ x'_2 \end{pmatrix} = \begin{pmatrix} \alpha_{11} & \alpha_{12} \\ \alpha_{21} & \alpha_{22} \end{pmatrix} \begin{pmatrix} x_1 \\ x_2 \end{pmatrix}$$

と書ける (付録 B 参照). 新しい座標系の x'_1 軸上に点 P, x'_2 軸上に点 Q を考える. $\overline{OP} = 1$, $\overline{OQ} = 1$ の場合について, 幾何学的な関係より式 (1.19) を導いていく (図 1.3).

解答

x_1 軸と x_2 軸は互いに直交するので点 P と点 Q について, 三平方の定理から

$$\begin{aligned} \alpha_{11}^2 + \alpha_{12}^2 &= 1 \\ \alpha_{21}^2 + \alpha_{22}^2 &= 1 \end{aligned} \tag{1.20}$$

ワンポイント解説

- $\alpha_{1k}\alpha_{1k} = 1$
- $\alpha_{2k}\alpha_{2k} = 1$

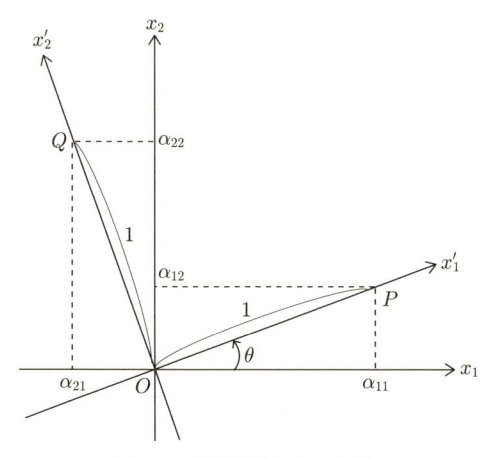

図 1.3: 座標回転と方向余弦.

が成立する．また，x_1' 軸と x_2' 軸も互いに直交するので，ベクトル $\overrightarrow{OP}, \overrightarrow{OQ}$ の内積は 0 になる．つまり，

$$\begin{aligned}\overrightarrow{OP}\cdot\overrightarrow{OQ} &= (\alpha_{11},\alpha_{12})\cdot(\alpha_{21},\alpha_{22}) \\ &= \alpha_{11}\alpha_{21}+\alpha_{12}\alpha_{22}=0\end{aligned} \quad (1.21)$$

・$\alpha_{1k}\alpha_{2k}=0$

を得る．式 (1.20) と (1.21) を総和規約を用いて書くと

$$\alpha_{ik}\alpha_{jk}=\delta_{ij}\quad(i,j=1,2)$$

と書ける．

同様にして，3 次元座標 $Ox_1x_2x_3$ の場合には変換前の座標の直交性から

$$\begin{aligned}\alpha_{11}^2+\alpha_{12}^2+\alpha_{13}^2 &= 1 \\ \alpha_{21}^2+\alpha_{22}^2+\alpha_{23}^2 &= 1 \\ \alpha_{31}^2+\alpha_{32}^2+\alpha_{33}^2 &= 1\end{aligned} \quad (1.22)$$

・$\alpha_{1k}\alpha_{1k}=1$
・$\alpha_{2k}\alpha_{2k}=1$
・$\alpha_{3k}\alpha_{3k}=1$

が成立し，変換後の座標の直交性から

$$\alpha_{21}\alpha_{31} + \alpha_{22}\alpha_{32} + \alpha_{23}\alpha_{33} = 0$$
$$\alpha_{31}\alpha_{11} + \alpha_{32}\alpha_{12} + \alpha_{33}\alpha_{13} = 0 \quad (1.23)$$
$$\alpha_{11}\alpha_{21} + \alpha_{12}\alpha_{22} + \alpha_{13}\alpha_{23} = 0$$

・$\alpha_{2k}\alpha_{3k} = 0$
・$\alpha_{3k}\alpha_{1k} = 0$
・$\alpha_{1k}\alpha_{2k} = 0$

が成立する．式 (1.22) と (1.23) を総和規約を用いて書くと

$$\alpha_{ik}\alpha_{jk} = \delta_{ij} \quad (i, j = 1, 2, 3)$$

となる．

次にテンソルの対角成分の和が座標変換の前後で変化しないこと，つまり，テンソル T_{ij} が座標変換により T'_{ij} になったとき，$T_{11} + T_{22} + T_{33} = T'_{11} + T'_{22} + T'_{33}$ が成立することを示す．テンソルの成分の座標変換は式 (1.10) または式 (1.11) で表せる．式 (1.11) に対して $i = j$ とすると，

$$T_{ii} = \alpha_{ki}\alpha_{li}T'_{kl}$$

であり，式 (1.19) より $\alpha_{ki}\alpha_{li} = \delta_{kl}$ なので

$$T_{ii} = \delta_{kl}T'_{kl}$$
$$T_{ii} = T'_{kk}.$$

・例題 2(c) 参照

したがって，

$$T_{11} + T_{22} + T_{33} = T'_{11} + T'_{22} + T'_{33}$$

が成立する．

つまり，テンソルの対角成分の和は座標変換の前後で変化しないことがわかる．対角成分の和を**トレース** (trace) といい，tr(T) と表すこともある．

座標変換によって値が変化しないスカラー量を**不変量**という．弾性体力学で用いるテンソルの不変量には，

$$\mathrm{tr}(T) = T_{11} + T_{22} + T_{33},$$

$$\begin{vmatrix} T_{11} & T_{12} \\ T_{21} & T_{22} \end{vmatrix} + \begin{vmatrix} T_{22} & T_{23} \\ T_{32} & T_{33} \end{vmatrix} + \begin{vmatrix} T_{33} & T_{31} \\ T_{13} & T_{11} \end{vmatrix},$$

$$\begin{vmatrix} T_{11} & T_{12} & T_{13} \\ T_{21} & T_{22} & T_{23} \\ T_{31} & T_{32} & T_{33} \end{vmatrix}$$

がある．

第1章の発展問題

1-1. $\epsilon_{kij}\epsilon_{klm} = \delta_{il}\delta_{jm} - \delta_{jl}\delta_{im}$ を証明せよ．

1-2. $\epsilon_{ijk}\epsilon_{ijk} = 6$ を確かめよ．

1-3. 次の式が成立することを示せ．ただし，$r, s, t = 1, 2, 3$ とする．

$$\begin{vmatrix} a_{11} & a_{12} & a_{13} \\ a_{21} & a_{22} & a_{23} \\ a_{31} & a_{32} & a_{33} \end{vmatrix} = \epsilon_{rst} a_{r1} a_{s2} a_{t3}.$$

1-4. x_i 軸方向の単位ベクトル $\bm{e}_i$ が，座標変換により $\bm{e}'_j$ となるとき，座標変換の前後での関係式

$$\bm{e}_i = \alpha_{ji} \bm{e}'_j$$

$$\bm{e}'_i = \alpha_{ij} \bm{e}_j$$

を導け．ただし，α_{ij} は x'_i 軸と x_j 軸の間の方向余弦である．

2 歪

重要度 ★★★★★

―《 はじめに 》―

弾性体に外力が作用すると弾性体内部に変形が生じる．歪（ひずみ）とは変形によって生じる弾性体内部の任意の2点の位置の相対変化であり，弾性体内の変形は歪テンソルを用いて記述できる．本章では，歪についての数理的・幾何的基礎を学習し，具体的な問題を解くことで歪の性質を理解する．歪は弾性体の幾何学的な物理量であり，変形の前後で変化が連続であることが条件となる．

―《 変形と変位勾配 》―

弾性体内の任意の点の位置の移動は
- 剛体運動（回転，並進）（図 2.1）
- 変形（弾性体内の任意の2点の位置の相対変化：歪）（図 2.2）

に分けることができる．剛体運動では弾性体内の任意の2点の相対位置は変化しない．

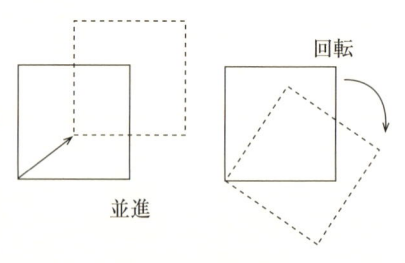

図 2.1: 剛体運動．

弾性体内部の変形を数学的に記述するために，弾性体内部の任意の点 (x, y, z) での変位 (u_x, u_y, u_z) の各方向への変化率を考えてみる．

変位の変化率は3成分の変位をそれぞれ3方向に微分することで得られるので，9つの成分をもち，以下のように書ける．

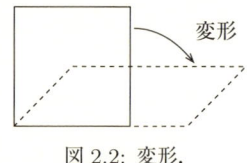

図 2.2: 変形．

$$\begin{pmatrix} \dfrac{\partial u_x}{\partial x} & \dfrac{\partial u_x}{\partial y} & \dfrac{\partial u_x}{\partial z} \\ \dfrac{\partial u_y}{\partial x} & \dfrac{\partial u_y}{\partial y} & \dfrac{\partial u_y}{\partial z} \\ \dfrac{\partial u_z}{\partial x} & \dfrac{\partial u_z}{\partial y} & \dfrac{\partial u_z}{\partial z} \end{pmatrix}. \tag{2.1}$$

式 (2.1) は変位勾配テンソルとよばれ，変位の変化率を表す量である．

《 歪テンソルと回転テンソル 》

変位勾配テンソルの意味を明確にするために，式 (2.1) を対称成分と非対称成分に分解する．

$$\begin{pmatrix} \dfrac{\partial u_x}{\partial x} & \dfrac{\partial u_x}{\partial y} & \dfrac{\partial u_x}{\partial z} \\ \dfrac{\partial u_y}{\partial x} & \dfrac{\partial u_y}{\partial y} & \dfrac{\partial u_y}{\partial z} \\ \dfrac{\partial u_z}{\partial x} & \dfrac{\partial u_z}{\partial y} & \dfrac{\partial u_z}{\partial z} \end{pmatrix}$$
$$= \begin{pmatrix} \dfrac{\partial u_x}{\partial x} & \dfrac{1}{2}\left(\dfrac{\partial u_x}{\partial y}+\dfrac{\partial u_y}{\partial x}\right) & \dfrac{1}{2}\left(\dfrac{\partial u_x}{\partial z}+\dfrac{\partial u_z}{\partial x}\right) \\ \dfrac{1}{2}\left(\dfrac{\partial u_y}{\partial x}+\dfrac{\partial u_x}{\partial y}\right) & \dfrac{\partial u_y}{\partial y} & \dfrac{1}{2}\left(\dfrac{\partial u_y}{\partial z}+\dfrac{\partial u_z}{\partial y}\right) \\ \dfrac{1}{2}\left(\dfrac{\partial u_z}{\partial x}+\dfrac{\partial u_x}{\partial z}\right) & \dfrac{1}{2}\left(\dfrac{\partial u_z}{\partial y}+\dfrac{\partial u_y}{\partial z}\right) & \dfrac{\partial u_z}{\partial z} \end{pmatrix}$$
$$+ \begin{pmatrix} 0 & \dfrac{1}{2}\left(\dfrac{\partial u_x}{\partial y}-\dfrac{\partial u_y}{\partial x}\right) & \dfrac{1}{2}\left(\dfrac{\partial u_x}{\partial z}-\dfrac{\partial u_z}{\partial x}\right) \\ \dfrac{1}{2}\left(\dfrac{\partial u_y}{\partial x}-\dfrac{\partial u_x}{\partial y}\right) & 0 & \dfrac{1}{2}\left(\dfrac{\partial u_y}{\partial z}-\dfrac{\partial u_z}{\partial y}\right) \\ \dfrac{1}{2}\left(\dfrac{\partial u_z}{\partial x}-\dfrac{\partial u_x}{\partial z}\right) & \dfrac{1}{2}\left(\dfrac{\partial u_z}{\partial y}-\dfrac{\partial u_y}{\partial z}\right) & 0 \end{pmatrix}. \tag{2.2}$$

ここで，式 (2.2) の右辺第一項の各成分に対応する量として次式で定義され

る e_{ij} を考える．

$$e_{ij} = \frac{1}{2}\left(\frac{\partial u_i}{\partial x_j} + \frac{\partial u_j}{\partial x_i}\right) = \frac{1}{2}\left(u_{i,j} + u_{j,i}\right). \tag{2.3}$$

この e_{ij} は微小変形によって生じる歪を表す物理量であり，**歪テンソル**とよばれる．歪テンソルの成分は次式で表すことができる．

$$[e_{ij}] = \begin{pmatrix} e_{xx} & e_{xy} & e_{xz} \\ e_{yx} & e_{yy} & e_{yz} \\ e_{zx} & e_{zy} & e_{zz} \end{pmatrix} \tag{2.4}$$

e_{ij} は指標 i と j を入れ替えても同じ式になる（$e_{ij} = e_{ji}$）ので，歪テンソルは対称テンソルである．式 (2.3) は微小変形でのみ成立するが，大変形にも適用できる歪テンソルは

$$E_{ij} = \frac{1}{2}\left(u_{i,j} + u_{j,i} + u_{k,i}u_{k,j}\right) \tag{2.5}$$

と表すことができる．E_{ij} はグリーンの歪テンソルとよばれる（発展問題 2-1）．

次に式 (2.2) の右辺第二項の各成分に対応する量として次式で定義される ω_{ij} を考える．この ω_{ij} は微小回転を表す物理量であり，**回転テンソル（スピンテンソル）** とよばれる．

$$\omega_{ij} = \frac{1}{2}\left(\frac{\partial u_i}{\partial x_j} - \frac{\partial u_j}{\partial x_i}\right) = \frac{1}{2}\left(u_{i,j} - u_{j,i}\right) \tag{2.6}$$

回転テンソルの成分は次式で表すことができる．

$$[\omega_{ij}] = \begin{pmatrix} \omega_{xx} & \omega_{xy} & \omega_{xz} \\ \omega_{yx} & \omega_{yy} & \omega_{yz} \\ \omega_{zx} & \omega_{zy} & \omega_{zz} \end{pmatrix} \tag{2.7}$$

ω_{ij} の指標 i と j を入れ替えると $\omega_{ij} = -\omega_{ji}$ となるので，回転テンソルは非対称テンソルである．

変位勾配テンソル (2.1) は，歪テンソル (2.4) と回転テンソル (2.7) を用いて

$$\begin{pmatrix} \dfrac{\partial u_x}{\partial x} & \dfrac{\partial u_x}{\partial y} & \dfrac{\partial u_x}{\partial z} \\ \dfrac{\partial u_y}{\partial x} & \dfrac{\partial u_y}{\partial y} & \dfrac{\partial u_y}{\partial z} \\ \dfrac{\partial u_z}{\partial x} & \dfrac{\partial u_z}{\partial y} & \dfrac{\partial u_z}{\partial z} \end{pmatrix} = \begin{pmatrix} e_{xx} + \omega_{xx} & e_{xy} + \omega_{xy} & e_{xz} + \omega_{xz} \\ e_{yx} + \omega_{yx} & e_{yy} + \omega_{yy} & e_{yz} + \omega_{yz} \\ e_{zx} + \omega_{zx} & e_{zy} + \omega_{zy} & e_{zz} + \omega_{zz} \end{pmatrix} \quad (2.8)$$

と書けるので，任意の変形は歪テンソルと回転テンソルの和で表すことができる．

《 歪テンソルの幾何学的な意味 》

簡単のために 2 次元での微小変形を考える（図 2.3）．変形により点 A，B，C がそれぞれ点 A'，B'，C' に移動したとすると，各点の座標の変化は以下のように表せる．

$$\text{点 } A(x, y) \to \text{点 } A'(x + u_x,\ y + u_y)$$
$$\text{点 } B(x + \Delta x, y)$$
$$\to \text{点 } B'\left(x + \Delta x + u_x + \frac{\partial u_x}{\partial x}\Delta x,\ y + u_y + \frac{\partial u_y}{\partial x}\Delta x\right)$$
$$\text{点 } C(x, y + \Delta y)$$
$$\to \text{点 } C'\left(x + u_x + \frac{\partial u_x}{\partial y}\Delta y,\ y + \Delta y + u_y + \frac{\partial u_y}{\partial y}\Delta y\right).$$

<u>歪テンソルの対角成分</u>

変形による線分 AB の x 軸方向の変化量を Δu_x とおくと

$$\Delta u_x = \left(\overline{A'B'} - \overline{AB}\right)_x = \left(\Delta x + \frac{\partial u_x}{\partial x}\Delta x\right) - \Delta x = \frac{\partial u_x}{\partial x}\Delta x$$

であり，単位長さ当りの変化量は

$$\frac{\Delta u_x}{\Delta x} = \frac{\partial u_x}{\partial x} = e_{xx} \quad (2.9)$$

となる．同様にして，線分 AC の y 軸方向の単位長さ当りの変化量は

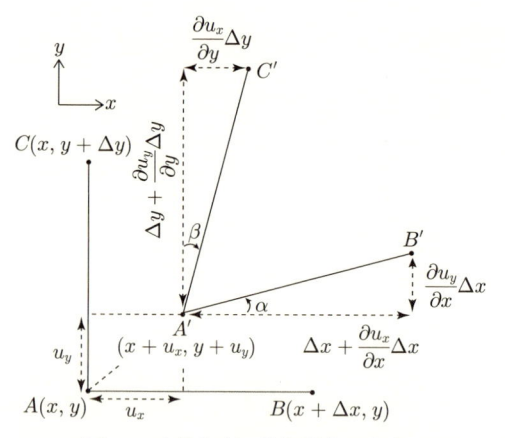

図 2.3: 変位勾配の幾何学的な意味.

$$\frac{\Delta u_y}{\Delta y} = \frac{\partial u_y}{\partial y} = e_{yy} \qquad (2.10)$$

となる．したがって，歪テンソルの対角成分は，ある方向の線分がそれと同じ方向に変形する割合を表すことがわかる．歪テンソルの対角成分を縦歪，**垂直歪**という．たとえば，$e_{xx} > 0$ のときは x 軸方向の伸び，$e_{xx} < 0$ のときは x 軸方向の縮みを表す．

歪テンソルの非対角成分

変形前後における線分 AB の角度変化を α とおくと，幾何学的な関係から

$$\tan\alpha = \frac{\frac{\partial u_y}{\partial x}\Delta x}{\Delta x + \frac{\partial u_x}{\partial x}\Delta x} = \frac{\frac{\partial u_y}{\partial x}\Delta x}{\left(1 + \frac{\partial u_x}{\partial x}\right)\Delta x} \qquad (2.11)$$

と書ける．変形が微小な場合，$\frac{\partial u_x}{\partial x} \ll 1$ であり，$\tan\alpha \approx \alpha$ と近似できるので

$$\alpha = \frac{\partial u_y}{\partial x}$$

となる．同様にして，線分 AC の角度変化 β は

$$\beta = \frac{\partial u_x}{\partial y}$$

となる．図 2.3 より変形による角度変化の総和は

$$\alpha + \beta = \frac{\partial u_y}{\partial x} + \frac{\partial u_x}{\partial y} = 2e_{xy}$$

であり，

$$e_{xy} = \frac{1}{2}(\alpha + \beta) \tag{2.12}$$

の関係がある．したがって，歪テンソルの非対角成分 e_{xy} は変形によって生じる xy 平面内の角度の変化の半分に対応する．$\frac{\partial u_y}{\partial x} > 0$, $\frac{\partial u_x}{\partial y} > 0$ のときには線分 $A'B'$ と $A'C'$ のなす角は $90°$ より小さくなる（図 2.3）．一方，$\frac{\partial u_y}{\partial x} < 0$, $\frac{\partial u_x}{\partial y} < 0$ のときには線分 $A'B'$ と $A'C'$ のなす角は $90°$ より大きくなる．歪テンソルの非対角成分 $e_{ij}(i \neq j)$ は**せん断歪**とよばれ，せん断歪が 0 でない変形を**せん断変形**という．歪はその定義から縦歪，せん断歪とも無次元量である．

なお，図 2.4 のように，変形が単に角度 α の回転のみの場合，$\beta = -\alpha$ となるので，$e_{xy} = 0$ となる．つまり，変形が回転のみの場合は歪テンソルの各成分が 0 となる．このことから，歪テンソルは回転成分を含まない変形を表すことがわかる．一方，回転テンソルの非対角成分は $\omega_{xy} = \frac{1}{2}\left(\frac{\partial u_x}{\partial y} - \frac{\partial u_y}{\partial x}\right) = -\alpha$ となり回転角と一致する．つまり，回転テンソルは微小回転を表すテンソルであることがわかる．

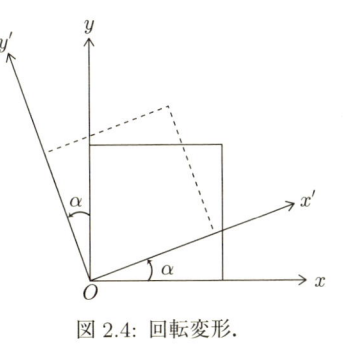

図 2.4: 回転変形．

◆◆◆ **注意** ◆◆◆

変形によって生じる角度の変化の総和は**工学的せん断歪**とよばれ，γ_{ij} で表記されることが多い．工学的せん断歪と本書で扱っているせん断歪の間には

$$\gamma_{ij} = 2e_{ij} \ (i \neq j)$$

の関係がある．つまり，工学的せん断歪は歪テンソルの非対角成分の2倍である．この工学的せん断歪は材料力学計算などでよく用いられているが，工学的せん断歪はテンソル量でないため，式 (1.10)〜(1.13) で表される座標変換公式は成立しないことに注意する必要がある．

─────《 **変形と歪テンソル** 》─────

歪テンソルは変形の割合を表すので，ベクトル $\boldsymbol{A}$（各成分は A_i）の変化分は

$$\delta \boldsymbol{A} = [e_{ij}]\boldsymbol{A} \quad \text{または} \quad \delta A_i = e_{ij} A_j \quad (2.13)$$

と表せる．したがって，変形後のベクトル $\boldsymbol{A}'$（各成分は A_i'）は，

$$\begin{aligned}\boldsymbol{A}' &= \boldsymbol{A} + \delta \boldsymbol{A} \\ &= \boldsymbol{A} + [e_{ij}]\boldsymbol{A}\end{aligned} \quad \text{または} \quad \begin{aligned}A_i' &= A_i + \delta A_i \\ &= A_i + e_{ij} A_j\end{aligned} \quad (2.14)$$

となる．回転を伴う一般的な変形は

$$\begin{aligned}\boldsymbol{A}' &= \boldsymbol{A} + [e_{ij} + \omega_{ij}]\boldsymbol{A} \\ &= \boldsymbol{A} + [u_{i,j}]\boldsymbol{A}\end{aligned}$$

あるいは

$$\begin{aligned}A_i' &= A_i + (e_{ij} + \omega_{ij}) A_j \\ &= A_i + u_{i,j} A_j\end{aligned} \quad (2.15)$$

と書ける．

─────《 **主歪** 》─────

一般に歪テンソルの非対角成分（せん断歪）は0ではない．ただし，歪テンソルが対称テンソルであることを利用すると，座標系を回転させることにより，せん断歪を0にすることができる．せん断歪が0のとき，その変形は座

標軸方向の伸び，縮みだけで表現できる．そのときの伸びや縮みの割合を主歪といい，その座標軸を歪の主軸という．

$$\begin{pmatrix} e_{xx} & e_{xy} & e_{xz} \\ e_{yx} & e_{yy} & e_{yz} \\ e_{zx} & e_{zy} & e_{zz} \end{pmatrix} \overset{座標回転}{\Longleftrightarrow} \begin{pmatrix} e_1 & 0 & 0 \\ 0 & e_2 & 0 \\ 0 & 0 & e_3 \end{pmatrix}. \tag{2.16}$$

ここでは主歪がイメージしやすいように2次元で考えてみる．図 2.5(a) は半径1の円を x 軸方向に伸ばし，y 軸方向に縮めた変形であり，x 軸方向の伸びと y 軸方向の縮みのみで表現できる．このとき，x 軸と y 軸は主軸と一致し，主歪は e_{xx}, e_{yy} となる．せん断歪は生じないので $e_{xy} = e_{yx} = 0$ である．

一方，図 2.5(b) の変形は x 軸と y 軸方向の伸びや縮みだけでは表現できず，せん断歪 (e_{xy}) を考える必要がある．ただし，この変形を $Ox'y'$ の座標系で考えると，x' 軸方向の伸び (e'_{xx}) と y' 軸方向の縮み (e'_{yy}) のみで表現でき，せん断歪は 0 となる．つまり，この変形の主軸は x' 軸と y' 軸であり，主歪は e'_{xx}, e'_{yy} である．

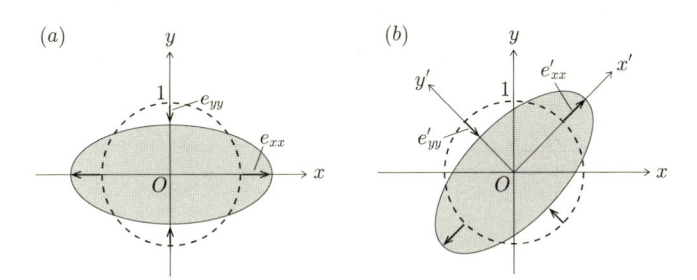

図 2.5: 主軸と主歪の意味．

一般に，主歪は 3 次の固有方程式

$$\begin{vmatrix} e_{xx} - e & e_{xy} & e_{xz} \\ e_{yx} & e_{yy} - e & e_{yz} \\ e_{zx} & e_{zy} & e_{zz} - e \end{vmatrix} = 0 \tag{2.17}$$

の 3 つの実数解（固有値）として求めることができる．主軸は

$$(e_{ij} - e\delta_{ij}) \cdot \boldsymbol{x} = 0 \tag{2.18}$$

で得られる直交する 3 つの固有ベクトル $\boldsymbol{x}$ によって表される．

式 (2.17) の 3 つの解を e_1, e_2, e_3 とすると，この e_1, e_2, e_3 は主歪であり，

$$(e - e_1)(e - e_2)(e - e_3) = 0$$

または

$$e^3 - \theta_1 e^2 + \theta_2 e - \theta_3 = 0$$

と書ける．ここで

$$\theta_1 = e_1 + e_2 + e_3$$
$$\theta_2 = e_1 e_2 + e_2 e_3 + e_3 e_1$$
$$\theta_3 = e_1 e_2 e_3$$

である．

主歪の大きさ (e_1, e_2, e_3) は座標系には依存せず，変形状態により一意に決まるので，θ_1, θ_2, θ_3 は座標系の選び方に対して不変である．座標系に依存しない量を不変量といい，θ_1 を 1 次不変量，θ_2 を 2 次不変量，θ_3 を 3 次不変量という．このうち，θ_1 は**体積歪**とよばれ，弾性体の変形を記述する重要なパラメータである．

座標系が主軸方向と一致していない場合は，

$$\begin{aligned}
\theta_1 &= e_{xx} + e_{yy} + e_{zz} \\
\theta_2 &= \begin{vmatrix} e_{xx} & e_{xy} \\ e_{yx} & e_{yy} \end{vmatrix} + \begin{vmatrix} e_{yy} & e_{yz} \\ e_{zy} & e_{zz} \end{vmatrix} + \begin{vmatrix} e_{zz} & e_{zx} \\ e_{xz} & e_{xx} \end{vmatrix} \\
\theta_3 &= \begin{vmatrix} e_{xx} & e_{xy} & e_{xz} \\ e_{yx} & e_{yy} & e_{yz} \\ e_{zx} & e_{zy} & e_{zz} \end{vmatrix}
\end{aligned} \tag{2.19}$$

となる．

不変量のイメージはつかみにくいが，例えばベクトルの場合，座標系により

始点と終点の座標は異なるが，その長さは座標系に依存しない．つまり，ベクトルにおける不変量はその長さということになる．

《 歪の適合方程式 》

弾性体が変形するとき，その内部に隙間や重なりが生じてはならない．その条件を満足するため，歪の各成分は

$$e_{ij,kl} + e_{kl,ij} - e_{jl,ik} - e_{ik,jl} = 0$$

の関係式を満足する必要がある．この式を適合方程式という．上式は $81(3^4)$ 個の式で構成されているが，独立な式は以下で示す 6 つである．

$$\frac{\partial^2 e_{xx}}{\partial y \partial z} = \frac{\partial}{\partial x}\left(-\frac{\partial e_{yz}}{\partial x} + \frac{\partial e_{zx}}{\partial y} + \frac{\partial e_{xy}}{\partial z}\right) \tag{2.20}$$

$$\frac{\partial^2 e_{yy}}{\partial z \partial x} = \frac{\partial}{\partial y}\left(-\frac{\partial e_{zx}}{\partial y} + \frac{\partial e_{xy}}{\partial z} + \frac{\partial e_{yz}}{\partial x}\right) \tag{2.21}$$

$$\frac{\partial^2 e_{zz}}{\partial x \partial y} = \frac{\partial}{\partial z}\left(-\frac{\partial e_{xy}}{\partial z} + \frac{\partial e_{yz}}{\partial x} + \frac{\partial e_{zx}}{\partial y}\right) \tag{2.22}$$

$$2\frac{\partial^2 e_{xy}}{\partial x \partial y} = \frac{\partial^2 e_{xx}}{\partial y^2} + \frac{\partial^2 e_{yy}}{\partial x^2} \tag{2.23}$$

$$2\frac{\partial^2 e_{yz}}{\partial y \partial z} = \frac{\partial^2 e_{yy}}{\partial z^2} + \frac{\partial^2 e_{zz}}{\partial y^2} \tag{2.24}$$

$$2\frac{\partial^2 e_{zx}}{\partial z \partial x} = \frac{\partial^2 e_{zz}}{\partial x^2} + \frac{\partial^2 e_{xx}}{\partial z^2}. \tag{2.25}$$

例題5　1次元の歪

ともに x 軸上にあり，200 km 離れた2点 A, B を考える．このとき，次の問いに答えよ．ただし，x 軸上の歪は一様であるとする．

(a) 点 A が x 軸負の方向に 1 cm，点 B が x 軸負の方向に 3 cm 動いたとき，点 AB 間の歪を求めよ．

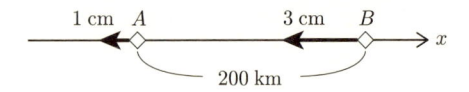

(b) 点 A が x 軸正の方向に 1 m，点 B が x 軸正の方向に 5 m 動いたとき，点 AB 間の歪を求めよ．

考え方

歪と変位の関係は

$$e_{ij} = \frac{1}{2}(u_{i,j} + u_{j,i})$$

で与えられる．この問題は1次元の変形として扱えるので，

$$e_{xx} = \frac{1}{2}(u_{x,x} + u_{x,x}) = u_{x,x}$$

となる．つまり，x 軸方向の変位から歪を計算することができる．計算の際は，単位に注意すること．

この問題は東北地方で観測された地面の動き（変位）を模式的に示したものである．x 軸を東向きに取ると，点 A は日本海沿岸，点 B は太平洋沿岸に位置し，たとえば，「秋田県秋田市 ⇔ 岩手県宮古市」や「山形県酒田市 ⇔ 宮城県気仙沼市」などに対応する．(a) は2011年東北地方太平洋沖地震前の1年間の変位，(b) は2011年東北地方太平洋沖地震発生時の変位に相当する．東北地方太平洋沖地震による変位（歪）の符号の変化にも注目して欲しい．

解答

(a)
$$e_{xx} = u_{x,x}$$
$$= \frac{(-3 \times 10^{-2}) - (-1 \times 10^{-2})(\text{m})}{200 \times 10^3 (\text{m})}$$
$$= \frac{-2 \times 10^{-2}}{2 \times 10^5} = -1 \times 10^{-7}.$$

歪が負なので，2点 AB 間は地震前は1年間に 10^{-7} の割合で縮んでいたことがわかる．

(b)
$$e_{xx} = u_{x,x}$$
$$= \frac{5-1(\text{m})}{200 \times 10^3 (\text{m})} = \frac{4}{2 \times 10^5} = 2 \times 10^{-5}.$$

歪は正であるので，東北地方太平洋沖地震の発生時に東北地方は引張変形を受けたことがわかる．しかも歪の大きさは地震前に比べ，200倍大きい．地震時の歪は東北地方太平洋沖地震の巨大さを物語る観測事実である．

ワンポイント解説

・歪は単位長さ当りの変形量なので無次元量である．

コラム

東北地方太平洋沖地震：2011年3月11日に発生したモーメントマグニチュード（$M\text{w}$）9.0の巨大地震．この地震は東北地方下に沈み込む太平洋プレートと陸のプレートの間で発生したプレート境界型地震である．地震時に観測された水平変位は，宮城県沿岸の陸上 GNSS 観測点では最大で東に5m程度であるが，宮城県沖に設置された海底地殻変動観測点は東に30m以上も移動したことがわかっている．海底観測により地震時変位を詳細にとらえた初めての巨大地震である．このような海底観測データにより，宮城県沖の日本海溝付近のプレート境界では地震時に80m以上のすべりがあったことが明らかになっている．

例題 6　歪テンソルの幾何学的な意味

2次元直交直線座標系 Oxy において，変形により以下の歪が生じた．この変形の様子を図示せよ．ただし，$a \ll 1$, $b \ll 1$ とする．

$$(a) \quad [e_{ij}] = \begin{pmatrix} a & 0 \\ 0 & 0 \end{pmatrix}$$

$$(b) \quad [e_{ij}] = \begin{pmatrix} 0 & b \\ b & 0 \end{pmatrix}$$

考え方

ここでは変形により生じる歪がイメージできるように簡単な変形を考えてみる．変形前のベクトル $\boldsymbol{A}$ が，変形によってベクトル $\boldsymbol{A}'$ になったとき，変形の前後におけるベクトルの変化分は $\delta\boldsymbol{A} = \boldsymbol{A}' - \boldsymbol{A}$ と表せるので，変形後のベクトルは $\boldsymbol{A}' = \boldsymbol{A} + \delta\boldsymbol{A}$ と書ける．さらに，歪テンソル e_{ij} を用いるとベクトルの変化分は $\delta\boldsymbol{A} = [e_{ij}]\boldsymbol{A}$ と書けるので，

$$\boldsymbol{A}' = \boldsymbol{A} + [e_{ij}]\boldsymbol{A}$$

となる（式 (2.14)）．この関係式を用いて変形の特徴をみてみよう．

解答

(a) 簡単のため，変形前のベクトルとして，$\boldsymbol{A}_1 = \begin{pmatrix} 1 \\ 0 \end{pmatrix}$, $\boldsymbol{A}_2 = \begin{pmatrix} 0 \\ 1 \end{pmatrix}$ を考える．変形後のベクトルをそれぞれ $\boldsymbol{A}'_1$, $\boldsymbol{A}'_2$ とすると

ワンポイント解説

例題 6　歪テンソルの幾何学的な意味　29

$$\boldsymbol{A}'_1 = \boldsymbol{A}_1 + [e_{ij}]\boldsymbol{A}_1$$
$$= \begin{pmatrix} 1 \\ 0 \end{pmatrix} + \begin{pmatrix} a & 0 \\ 0 & 0 \end{pmatrix}\begin{pmatrix} 1 \\ 0 \end{pmatrix}$$
$$= \begin{pmatrix} 1+a \\ 0 \end{pmatrix}$$

$$\boldsymbol{A}'_2 = \boldsymbol{A}_2 + [e_{ij}]\boldsymbol{A}_2$$
$$= \begin{pmatrix} 0 \\ 1 \end{pmatrix} + \begin{pmatrix} a & 0 \\ 0 & 0 \end{pmatrix}\begin{pmatrix} 0 \\ 1 \end{pmatrix}$$
$$= \begin{pmatrix} 0 \\ 1 \end{pmatrix}$$

となる.

この変形を図示すると図 2.6 のようになる. つまり, 歪テンソル $[e_{ij}] = \begin{pmatrix} a & 0 \\ 0 & 0 \end{pmatrix}$ は x 軸方向の一軸伸びを表すことがわかる.

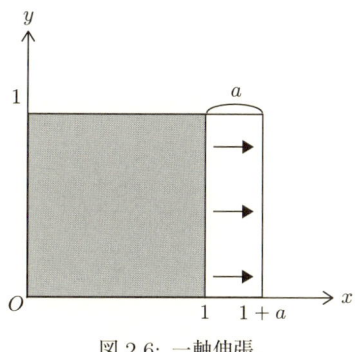

図 2.6: 一軸伸張.

・変形による単位長さ当りの変化分は $\Delta x = (1+a) - 1 = a$ であり, これは歪テンソルの $e_{xx} = a$ と一致する.

◆◆◆ **注意** ◆◆◆

この問題では，$e_{xx} = \dfrac{\partial u_x}{\partial x} = a$ であるので，大変形も扱うことができるグリーンの歪テンソル (2.5) は

$$E_{xx} = \frac{1}{2}\left(\frac{\partial u_x}{\partial x} + \frac{\partial u_x}{\partial x} + \frac{\partial u_x}{\partial x}\frac{\partial u_x}{\partial x} + \frac{\partial u_y}{\partial x}\frac{\partial u_y}{\partial x}\right)$$

$$= \frac{1}{2}\left(2\frac{\partial u_x}{\partial x} + \frac{\partial u_x}{\partial x}\frac{\partial u_x}{\partial x}\right)$$

$$= \frac{1}{2}\left(2a + a^2\right)$$

となる．よって，大変形も表現できる歪と微小変形として近似した歪の差は

$$\Delta = E_{xx} - e_{xx} = \frac{1}{2}a^2$$

である．つまり，$a = 0.1$（10% の歪）のときには $\Delta = 0.5\%$ であるが，$a = 0.001$（0.1% の歪）のときには $\Delta = 5 \times 10^{-5}\%$ となり，その差は小さくなる．

・せん断歪は生じないので $\dfrac{\partial u_y}{\partial x} = 0$.

・微小変形は「変形が極めて小さい」ことを表すが，実際にどのくらいの変形であれば微小変形とみなせるかは分野によって異なるようである．地震学では，10^{-5} 以下の歪であれば微小変形とみなすことが多い．

(b) (a) と同様に $\boldsymbol{A}_1 = \begin{pmatrix} 1 \\ 0 \end{pmatrix}$, $\boldsymbol{A}_2 = \begin{pmatrix} 0 \\ 1 \end{pmatrix}$ の2つのベクトルを考えると，変形後のベクトルはそれぞれ

$$\boldsymbol{A}'_1 = \boldsymbol{A}_1 + [e_{ij}]\boldsymbol{A}_1$$
$$= \begin{pmatrix} 1 \\ 0 \end{pmatrix} + \begin{pmatrix} 0 & b \\ b & 0 \end{pmatrix}\begin{pmatrix} 1 \\ 0 \end{pmatrix} = \begin{pmatrix} 1 \\ b \end{pmatrix}$$

$$\boldsymbol{A}'_2 = \boldsymbol{A}_2 + [e_{ij}]\boldsymbol{A}_2$$
$$= \begin{pmatrix} 0 \\ 1 \end{pmatrix} + \begin{pmatrix} 0 & b \\ b & 0 \end{pmatrix}\begin{pmatrix} 0 \\ 1 \end{pmatrix} = \begin{pmatrix} b \\ 1 \end{pmatrix}$$

となる．

この変形を図示すると図 2.7 のようになる．つまり，歪テンソル $\begin{pmatrix} 0 & b \\ b & 0 \end{pmatrix}$ は x 軸と y 軸方向の長さは変えず，せん断変形のみを生じさせることがわかる．このような変形を**純粋せん断** (pure shear) という．変形により生じた角度変化は $2\tan b \approx 2b$ である．

・微小変形の場合，b は角度の変化を表す量であり，長さを表す量でもある．

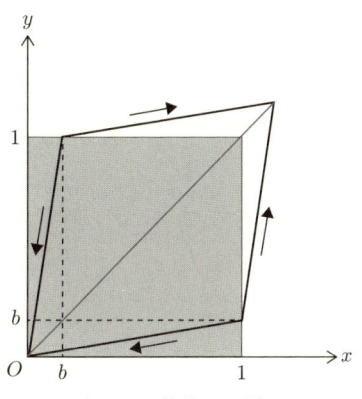

図 2.7: 純粋せん断．

ここで図 2.7 のひし形を時計回りに b だけ回転させてみる（図 2.8）．図 2.8 は図 2.7 のひし形を回転させただけなので，変形による歪成分は $[e_{ij}] = \begin{pmatrix} 0 & b \\ b & 0 \end{pmatrix}$ のままである．しかしながら，回転による変形 $[\omega_{ij}] = \begin{pmatrix} 0 & b \\ -b & 0 \end{pmatrix}$ も考える必要があるので，この変形は歪テンソルと回転テンソルの和として

・b は微小量なので
$$\sin b \approx b$$
を用いた．

$$[e_{ij} + \omega_{ij}] = \begin{pmatrix} 0 & 2b \\ 0 & 0 \end{pmatrix}$$

と表せる. 図 2.8 のような変形を**単純せん断** (simple shear) という. 単純せん断では回転成分が 0 にならないことに注意してほしい.

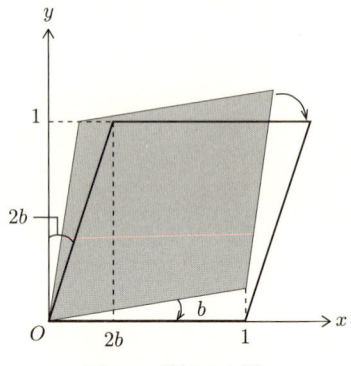

図 2.8: 単純せん断.

例題 7　主軸と主歪（2次元）

2次元直交直線座標系 Oxy において，歪テンソル

$$[e_{ij}] = \begin{pmatrix} 1 & \frac{1}{2} \\ \frac{1}{2} & 1 \end{pmatrix}$$

を考える．

(a) ベクトル

$$\boldsymbol{A}_1 = \begin{pmatrix} 1 \\ 0 \end{pmatrix}, \quad \boldsymbol{A}_2 = \begin{pmatrix} 0 \\ 1 \end{pmatrix}$$

に生じる変形を図示せよ．

(b) 歪テンソルの主歪と主軸の方向を求めよ．また，この変形と歪の主軸方向の関係がわかるように主軸の方向を図示せよ．

考え方

本例題では具体的な変形に対して歪テンソルの対角化を行うことで，主歪と歪の主軸が変形に対してどのような関係にあるかを学ぶ．

(a) ベクトル $\boldsymbol{A}_1$，$\boldsymbol{A}_2$ が変形により，どのようなベクトルになるかを求めればよい．変形によるベクトルの変化は $\delta\boldsymbol{A} = [e_{ij}]\boldsymbol{A}$ であり，変形後のベクトル $\boldsymbol{A}$ は

$$\boldsymbol{A}' = \boldsymbol{A} + \delta\boldsymbol{A} = \boldsymbol{A} + [e_{ij}]\boldsymbol{A}$$

と表せる．

(b) 主歪はせん断歪（歪テンソルの非対角成分）が0になるように座標系を回転させたときの歪であり，固有方程式

$$|e_{ij} - e\delta_{ij}| = 0 \tag{2.26}$$

を解いて e_{ij} を対角化することで求めることができる．

◆◆◆ 注意 ◆◆◆

この例題で扱っている変形は微小変形（$e_{ij} \ll 1$）には相当しないが，主歪と主軸をわかりやすく表現するために大きな歪を扱っている．

解答

(a) 変形により，ベクトル $\boldsymbol{A}_1$ が $\boldsymbol{A}_1'$ に，ベクトル $\boldsymbol{A}_2$ が $\boldsymbol{A}_2'$ になったとすると，

$$\boldsymbol{A}_1' = \boldsymbol{A}_1 + [e_{ij}]\boldsymbol{A}_1$$
$$= \begin{pmatrix} 1 \\ 0 \end{pmatrix} + \begin{pmatrix} 1 & \frac{1}{2} \\ \frac{1}{2} & 1 \end{pmatrix} \begin{pmatrix} 1 \\ 0 \end{pmatrix} = \begin{pmatrix} 2 \\ \frac{1}{2} \end{pmatrix}$$

$$\boldsymbol{A}_2' = \boldsymbol{A}_2 + [e_{ij}]\boldsymbol{A}_2$$
$$= \begin{pmatrix} 0 \\ 1 \end{pmatrix} + \begin{pmatrix} 1 & \frac{1}{2} \\ \frac{1}{2} & 1 \end{pmatrix} \begin{pmatrix} 0 \\ 1 \end{pmatrix} = \begin{pmatrix} \frac{1}{2} \\ 2 \end{pmatrix}$$

となる．したがって，ベクトル $\boldsymbol{A}_1$ と $\boldsymbol{A}_2$ に生じた変形を図示すると，図 2.9 のようになる．

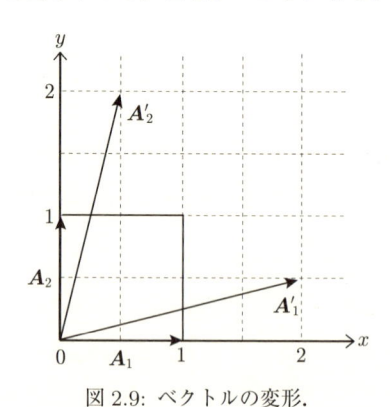

図 2.9: ベクトルの変形．

(b) 固有方程式 (2.26) より，固有値 e を求めると，

$$\begin{vmatrix} 1-e & \frac{1}{2} \\ \frac{1}{2} & 1-e \end{vmatrix} = 0$$

$$(1-e)^2 - \frac{1}{4} = 0$$

ワンポイント解説

$\cdot \begin{vmatrix} a_{xx} & a_{xy} \\ a_{yx} & a_{yy} \end{vmatrix}$

$= a_{xx}a_{yy} - a_{xy}a_{yx}$

$$e = 1 \pm \frac{1}{2}$$
$$e = \frac{1}{2},\ \frac{3}{2}$$

という 2 つの固有値が得られる．つまり，主歪は $\frac{1}{2}$, $\frac{3}{2}$ となる．

次に，2 つの固有値に対応する主軸の方向を求める．主歪が $\frac{1}{2}$ のとき，

$$\begin{pmatrix} 1 & \frac{1}{2} \\ \frac{1}{2} & 1 \end{pmatrix} \begin{pmatrix} x \\ y \end{pmatrix} = \frac{1}{2} \begin{pmatrix} x \\ y \end{pmatrix}$$

より，固有ベクトル

$$\begin{pmatrix} x \\ y \end{pmatrix} = \begin{pmatrix} k \\ -k \end{pmatrix} \quad (2.27)$$

を得る．ここで，k は任意の定数である．

固有ベクトル (2.27) の大きさを 1 とすると

$$\sqrt{k^2 + (-k)^2} = 1$$
$$k = \pm \frac{1}{\sqrt{2}}$$

となる．よって，

$$\begin{pmatrix} x \\ y \end{pmatrix} = \begin{pmatrix} \pm \frac{1}{\sqrt{2}} \\ \mp \frac{1}{\sqrt{2}} \end{pmatrix}$$

を得る．

一方，主歪が $\frac{3}{2}$ のときは，

$$\begin{pmatrix} 1 & \frac{1}{2} \\ \frac{1}{2} & 1 \end{pmatrix} \begin{pmatrix} x \\ y \end{pmatrix} = \frac{3}{2} \begin{pmatrix} x \\ y \end{pmatrix}$$

・歪テンソル

$$\begin{pmatrix} 1 & \frac{1}{2} \\ \frac{1}{2} & 1 \end{pmatrix}$$

を対角化すると

$$\begin{pmatrix} \frac{1}{2} & 0 \\ 0 & \frac{3}{2} \end{pmatrix}$$

となる．対角成分の和が不変である．

・固有ベクトルの大きさを 1 にしなくてもベクトルの方向は変わらないが，慣例的に固有ベクトルの大きさを 1 にして考えることが多い．

より，同様にして

$$\begin{pmatrix} x \\ y \end{pmatrix} = \begin{pmatrix} \pm\frac{1}{\sqrt{2}} \\ \pm\frac{1}{\sqrt{2}} \end{pmatrix}$$

を得る．

　得られた固有ベクトルを図示すると図 2.10 になる．歪の主軸方向の座標軸（x' 軸，y' 軸）で考えると，変形は主軸方向の伸びと縮みだけで表現でき，せん断歪が生じないことがわかる．

・主歪の大きさに対応して，正方形がひし形に変形した．

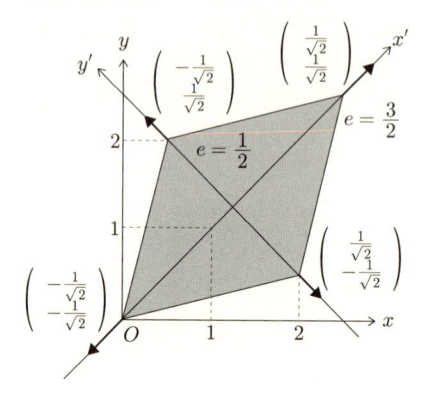

図 2.10: 主歪と主軸．

　なお，歪テンソルの対角成分の和（**面積歪**）は 2 であるのに対して，図 2.10 のひし形の面積は 4 になっている．これは，与えられた歪テンソルによる変形が微小変形ではないために生じている問題である．

・面積歪は単位面積当りの面積変化を表す物理量である．

例題 8　体積歪

3 次元直交直線座標系 $Oxyz$ が歪の主軸方向にとられているとし，x 軸，y 軸，z 軸方向の主歪をそれぞれ e_1, e_2, e_3 とする．$e_1 + e_2 + e_3$ は変形によって生じる単位体積当りの体積変化量であることを示せ．

考え方

座標軸が歪の主軸に一致する座標系 $Oxyz$ において，各辺の長さが l_1, l_2, l_3 で座標軸に平行な直方体を考える．e_1, e_2, e_3 はそれぞれ x 軸，y 軸，z 軸方向の主歪であるので，変形によって各辺の長さはそれぞれ $l_1(1+e_1), l_2(1+e_2), l_3(1+e_3)$ となる．

体積変化と主歪の関係に注目しながら問題を解いてほしい．体積変化は歪テンソルの対角成分の和で表されることがわかる．

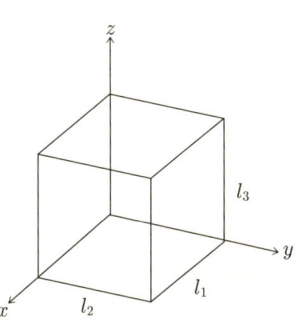

図 2.11: 変形と体積歪.

解答

変形の前後で直方体の体積は

$$l_1 l_2 l_3 \Rightarrow (1+e_1)(1+e_2)(1+e_3) l_1 l_2 l_3$$

と変化する．ここで，変形によって生じる体積変化は

$$\Delta V = (1+e_1)(1+e_2)(1+e_3) l_1 l_2 l_3 - l_1 l_2 l_3$$

であり，e_i について 2 次以上の項を無視すると

$$\Delta V \approx (e_1 + e_2 + e_3) l_1 l_2 l_3$$

となる．変形前の体積を $V = l_1 l_2 l_3$ とおくと

$$\frac{\Delta V}{V} = e_1 + e_2 + e_3 \qquad (2.28)$$

を得る．したがって，$e_1 + e_2 + e_3$ は微小変形による単

ワンポイント解説

・微小変形の近似．
$e_1 e_2 \approx 0$
$e_2 e_3 \approx 0$
$e_3 e_1 \approx 0$
$e_1 e_2 e_3 \approx 0$

位体積当りの体積変化を表していることがわかる．

$\dfrac{\Delta V}{V}$ は体積歪とよばれ，θ や e と書くことが多い．座標軸が歪の主軸と一致しない場合は，

$$\theta = e_{xx} + e_{yy} + e_{zz} = e_{ii}$$

となる．体積歪は歪テンソルの対角成分の和で表され，座標変換によって変化しない不変量である（例題 4）．

なお，2 次元問題の場合には対角成分の和は面積歪とよばれ，変形による単位面積当りの面積変化を表す量である（例題 7）．体積歪，面積歪とも，弾性体の変形を特徴づける重要なパラメータである．たとえば，測地学では GNSS 解析や三角測量によって得られた地表の変形を表す物理量の 1 つとして面積歪がよく用いられる．また，地中ボアホール観測点では体積歪計を用いて岩盤の伸び縮みを測定しているところもある．

- 体積ひずみが e_{ii} と表せるのは歪の高次項を無視できる微小変形の場合のみであることに注意する．
- 例題 7 においても，対角成分の和は対角化の前後で変化しないことが確認できる．

例題 9　歪場と適合方程式

3 次元直交直線座標系 $Oxyz$ において変位成分が次式で与えられるとき，歪成分を求めよ．また，得られた歪成分が適合方程式を満足することを示せ．

$$u_x = 2x + xy^2$$
$$u_y = xz + 2$$
$$u_z = z - x^2 - y^2$$

考え方

この例題では，与えられた変位成分から歪成分を計算する．また，歪成分を適合方程式に代入することにより，具体的な計算を行ってみる．

まず，歪と変位の関係式

$$e_{ij} = \frac{1}{2}(u_{i,j} + u_{j,i}) \tag{2.29}$$

を用いて歪成分を求める．続いて，その歪成分が適合方程式 (2.20)〜(2.25) を満たすかどうか確認する．

解答

歪の各成分は式 (2.29) を用いると，

$$e_{xx} = u_{x,x} = 2 + y^2$$
$$e_{yy} = u_{y,y} = 0$$
$$e_{zz} = u_{z,z} = 1$$
$$e_{xy} = \frac{1}{2}(u_{x,y} + u_{y,x}) = xy + \frac{1}{2}z$$
$$e_{yz} = \frac{1}{2}(u_{y,z} + u_{z,y}) = \frac{1}{2}x - y$$
$$e_{zx} = \frac{1}{2}(u_{z,x} + u_{x,z}) = -x$$

となる．適合方程式 (2.23) に代入すると，

ワンポイント解説

・歪テンソルは対称テンソルなので，独立な 6 成分のみ示してある．

$$2\frac{\partial^2 e_{xy}}{\partial x \partial y} = 2\frac{\partial^2}{\partial x \partial y}\left(xy + \frac{1}{2}z\right) = 2$$

$$\frac{\partial^2 e_{xx}}{\partial y^2} + \frac{\partial^2 e_{yy}}{\partial x^2} = 2 + 0 = 2$$

となり，式 (2.23) が成立する．なお，他の 5 つの適合方程式についてはすべての項が 0 となり，得られた歪場は適合方程式を満足する．

・歪場が適合方程式を満足しない場合は，その媒質は連続体として変形できず，媒質内部に隙間や重なりが生じることになる．

第 2 章の発展問題

2-1. 変形には長さの変化と角度の変化が含まれるので，ベクトルの内積が本質的な意味をもつ．2 つのベクトル $\boldsymbol{A}$, $\boldsymbol{B}$ が変形により，それぞれ $\boldsymbol{A}'$, $\boldsymbol{B}'$ になったとき，式 (2.15) を用いて，変形前後の内積の変化が

$$\boldsymbol{A}' \cdot \boldsymbol{B}' - \boldsymbol{A} \cdot \boldsymbol{B} = 2e_{ij}A_i B_j$$

と書けることを示せ．なお，変形は微小変形であるとする．

2-2. 歪テンソル e_{ij} が次のように与えられたとき，主歪と主軸の方向を求めよ．

$$[e_{ij}] = \begin{pmatrix} 5 & -1 & -1 \\ -1 & 4 & 0 \\ -1 & 0 & 4 \end{pmatrix}$$

2-3. 歪の適合方程式

$$e_{ij,kl} + e_{kl,ij} - e_{jl,ik} - e_{ik,jl} = 0$$

を導け．

2-4. 歪の適合方程式は，式 (2.20) から式 (2.25) で示す独立な 6 つの式だけになることを示せ．

2-5. 次式で定義される歪 e'_{ij} を「偏差歪」とよぶ．

$$e'_{ij} = e_{ij} - \frac{1}{3}\delta_{ij}e_{kk}$$

これは歪テンソル e_{ij} の 3 つの対角成分それぞれから，対角成分の平均

値 $\frac{1}{3}e_{kk}$ を引いたものなので，e'_{ij} の対角和は 0 となる．歪テンソルの対角和は体積歪を表すので，e'_{ij} は歪テンソルの体積変化を伴わない部分として解釈できる．この偏差歪 e'_{ij} の主軸は，もとの歪テンソル e_{ij} の主軸と一致することを示せ．

2-6. 直交直線座標系 Oxy 上にある 2 次元の弾性体を考える．このとき，歪の適合方程式は
$$2\frac{\partial^2 e_{xy}}{\partial x \partial y} = \frac{\partial^2 e_{xx}}{\partial y^2} + \frac{\partial^2 e_{yy}}{\partial x^2}$$
のみである．このことを考慮して，次の問いに答えよ．

(a) 歪場が $e_{xx} = y^2$, $e_{yy} = x^2$, $e_{xy} = cxy$ であるとき，適合方程式を満たす定数 c を求めよ．

(b) 弾性体が座標 (x, y) に依存する不均質な温度分布 $T(x, y)$ で熱せられ，自由に膨張したとき，弾性体内に生じる歪は $e_{xx} = e_{yy} = \alpha T(x, y)$, $e_{xy} = 0$ となった．ここで，α は膨張係数（定数）である．このとき，$T(x, y)$ が満たすべき方程式を導け．また，ここで導いた式がどのような意味をもつか答えよ．

2-7. 円柱座標系 $Or\theta z$ における歪と変位の関係式を求めよ．

重要度
★★★★★

3 応力

――《 はじめに 》――

　第2章では弾性体内の変形場を歪テンソルを用いて表現し，その性質を述べた．本章では外力により弾性体内部の任意の面積要素に生じる力（応力）を定式化し，その特徴を学ぶ．応力は弾性体内部の力学を規定する物理量であり，静的な問題ではつり合いの状態（平衡状態）にあることが条件となる．

――《 応力テンソル 》――

　弾性体に外力が作用すると内部に内力が生じ，弾性体内部は変形する．外力には，弾性体内部の体積要素に働く単位体積あたりの力である体積力と弾性体の表面または内部の面積要素に働く単位面積あたりの力である表面力がある．表面力は応力ベクトルともよばれる．重力や遠心力は体積力，圧力は表面力である．

　外力を受けて平衡状態にある弾性体内部に仮想的な面を考えると，その面に生じる内力は，面の法線と力の方向によって表すことができる．単位面積当りの内力を応力という．

　3次元直交直線座標 $Oxyz$ においては，任意の面に生じる応力は面内の直交する2成分と面に垂直な1成分で表現できる．互いに直交する3つの面について考えると，応力は9つの成分 σ_{ij} を用いて次のように定義できる．

$$\sigma_{ij} = \lim_{\Delta A_i \to 0} \frac{\Delta f_j}{\Delta A_i} \tag{3.1}$$

ここで，ΔA_i は x_i 軸に直交する面内の微小面積要素であり，Δf_j はその面積要素に生じる内力の x_j 軸方向の成分である．この9つの応力成分を応力テン

ソルといい，次式のように表す．

$$[\sigma_{ij}] = \begin{pmatrix} \sigma_{xx} & \sigma_{xy} & \sigma_{xz} \\ \sigma_{yx} & \sigma_{yy} & \sigma_{yz} \\ \sigma_{zx} & \sigma_{zy} & \sigma_{zz} \end{pmatrix} \quad (3.2)$$

応力成分を図示すると図 3.1 のようになる．σ_{ij} は x_i 軸に直交する面に生じる x_j 軸方向の応力の成分である．σ_{xx}, σ_{yy}, σ_{zz} を**法線応力**，σ_{ij} $(i \neq j)$ を**せん断応力**とよぶ．法線応力は，直方体の各面に外向き（直方体の内側から外側）に応力が生じる場合を正とする．つまり，法線応力が正のときは張力，負のときは圧縮力となる．せん断応力は，座標軸 x_i に直交する面に対する外向きの法線が座標軸の正方向を向く場合に，座標軸 x_j の正方向に生じる応力を正とする．なお，応力テンソルは対称テンソル ($\sigma_{ij} = \sigma_{ji}$) であるため，独立な成分は 6 つである．

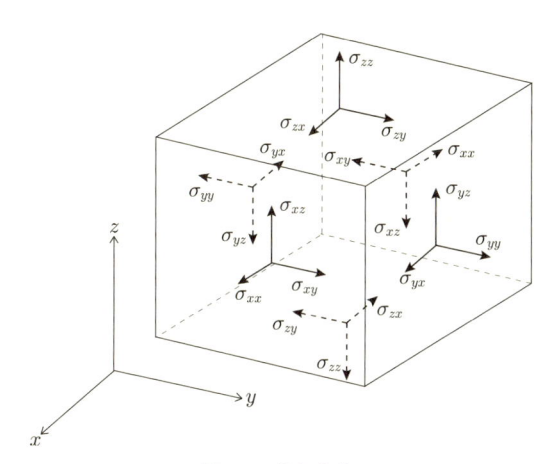

図 3.1: 応力成分．

《 **平衡方程式** 》

弾性体が平衡状態にあるとき，応力テンソル σ_{ij} と体積力 F_i の関係は

$$\sigma_{ji,j} + F_i = 0 \quad (3.3)$$

となる．この式を平衡方程式という．弾性体のつり合いを表す重要な式である．

《 主応力 》

　一般に応力テンソルは非対角成分をもつので，弾性体にはせん断応力が生じる．ただし，歪テンソルの場合と同様に，応力テンソルについても座標系を回転させることにより，せん断応力が0になる座標系を選ぶことができる．せん断応力が0になるように座標系を回転させた場合の座標軸を主応力軸（応力の主軸），各主応力軸方向の応力の大きさを主応力という．

　座標系を回転させる前の応力テンソルを σ_{ij} とすると，3次の固有方程式

$$|\sigma_{ij} - \sigma\delta_{ij}| = 0 \tag{3.4}$$

の固有値が主応力を，そのときの固有ベクトルが主応力軸の方向を与える．主応力を σ_1, σ_2, σ_3 ($\sigma_1 > \sigma_2 > \sigma_3$) とすると，$\sigma_1$, σ_2, σ_3 をそれぞれ最大主応力，中間主応力，最小主応力とよぶ．また，最大主応力と最小主応力の差 $\sigma_1 - \sigma_3$ を差応力とよぶ．

《 コーシーの関係式 》

　法線ベクトルが $\boldsymbol{n}$ の面に作用する応力ベクトル $\boldsymbol{T}^n$ の x_i 軸方向の成分 T_i^n は

$$T_i^n = \sigma_{ji} n_j \tag{3.5}$$

と表せる．ここで n_j は x_j 軸と法線ベクトル $\boldsymbol{n}$ との間の方向余弦である．式 (3.5) はコーシーの関係式とよばれ，「ある点における応力テンソル σ_{ij} がわかっていれば，法線ベクトルが $\boldsymbol{n}$ である面に作用する応力ベクトル T_i^n がわかる」ことを示している．式 (3.5) を用いると，応力テンソル σ_{ij} と応力ベクトルの成分 T_i^n が与えられたとき，この応力ベクトルの作用面を決定することもできる．

《 モール円 》

最大主応力軸から任意の角度だけ傾いた面に生じる法線応力とせん断応力を考える．簡単のために 2 次元直交直線座標 Oxy を考え，図 3.2 に示すように座標軸が主応力軸方向にとられているとする．法線応力は圧縮を正，せん断応力は要素を反時計回りに回転させるモーメントを生じる向きを正とし，x 軸，y 軸方向の主応力をそれぞれ σ_1, σ_2 ($\sigma_1 > \sigma_2 > 0$) とする．このとき，最大主応力 (σ_1) 軸に対して反時計回りに角度 θ だけ傾いたベクトル $\boldsymbol{n}$ を法線とする面 P を考えると，この面に生じる法線応力は

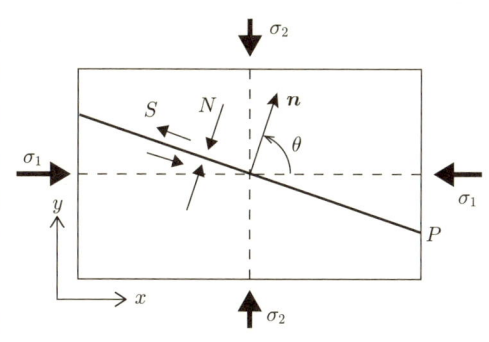

図 3.2: 面 P に生じる応力．

$$N = \frac{\sigma_1 + \sigma_2}{2} + \frac{\sigma_1 - \sigma_2}{2} \cos 2\theta \tag{3.6}$$

せん断応力は

$$S = \frac{\sigma_1 - \sigma_2}{2} \sin 2\theta \tag{3.7}$$

と表せる．上式から θ を消去すると，

$$\left(N - \frac{\sigma_1 + \sigma_2}{2}\right)^2 + S^2 = \left(\frac{\sigma_1 - \sigma_2}{2}\right)^2 \tag{3.8}$$

を得る．

式 (3.8) は図 3.3 に示すように中心 $\left(\frac{\sigma_1 + \sigma_2}{2}, 0\right)$，半径 $\frac{\sigma_1 - \sigma_2}{2}$ の円を表す．この式は，σ_1 の方向と角度 θ をなす法線ベクトルをもつ面に生じる法線応力とせん断応力は，必ずこの円周上にあることを示している．この円をモール円（モールの応力円）とよぶ．モール円を用いると任意の方向を向く面に生じる法線応力とせん断応力を簡単に求めることができる．モール円上では，面 P の応力状態は σ_1 から反時計回りに 2θ だけ回転した点 P での値となる．図

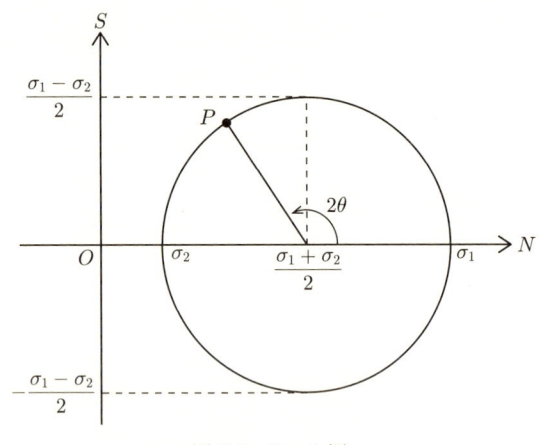

図 3.3: モール円.

3.3 からわかるように，面に生じるせん断応力が 0 になるのは $2\theta = 0°, 180°$，すなわち $\theta = 0°, 90°$ のときである．これらの面の法線は主応力軸の方向に一致し，法線応力は主応力と等しい．せん断応力が最大になるのは $2\theta = 90°, 270°$，すなわち $\theta = 45°, 135°$ のときであり，その時のせん断応力はそれぞれ

$$S = \frac{\sigma_1 - \sigma_2}{2}, \quad -\frac{\sigma_1 - \sigma_2}{2}$$

となる．このときの法線応力はともに $N = \frac{\sigma_1 + \sigma_2}{2}$ である．例題 16 でみるように，モール円とクーロンの破壊基準を組み合わせることで，生じた差応力により破壊が期待される面を求めることができる．

◆◆◆ 注意 ◆◆◆

本書で扱っているモール円では，法線応力は圧縮を正，せん断応力は要素を反時計回りに回転させるモーメントを生じる向き正としている．その場合，最大主応力軸と注目している面の法線との位置関係とモール円上での回転の方向がともに反時計回りとなるため，モール円と実際の面との関係がわかりやすく表現できる（図 3.4a）．圧縮応力が主体となる地盤工学や地震学でよく用いられる表記方法である．一方，材料力学では弾性体力学での定義と同様に法線応力は引張を正とすることが多い．その場合，せん断応力の

正の軸を上向きにとると，モール円上での回転方向が実際の場と逆方向（時計回り）になってしまうという問題がある（図 3.4b）．そのため引張応力を正とした場合には，せん断応力の正の軸を下向きに取る（図 3.4c），または要素を時計回りに回転させるモーメントを生じるせん断応力を正とする（図 3.4d）ことが多い．なお，要素を反時計回りに回転させるモーメントを生じるせん断応力を正とした場合，モール円で現れるせん断応力は弾性体力学で定義されるせん断応力とは符号が逆の場合が多い．このように，モール円の座標軸の取り方は分野によって異なることがあるため，モール円を作図する際には法線応力とせん断応力の正の方向の定義を明確にする必要がある．

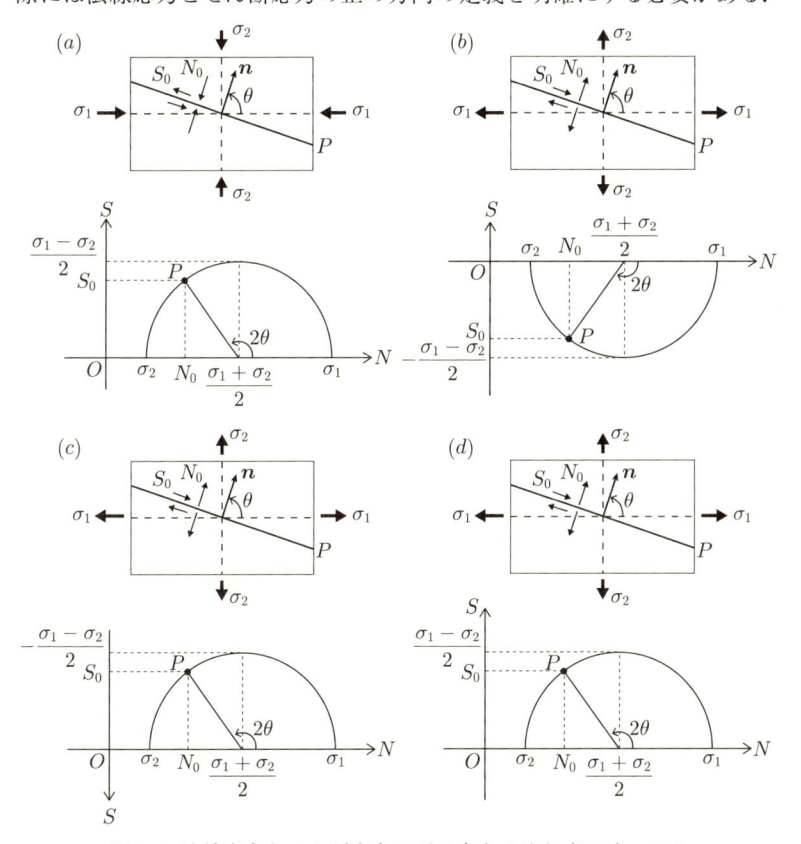

図 3.4: 法線応力とせん断応力の正の向きの取り方の違いによるモール円の表現方法．

◆◆◆ **注意** ◆◆◆

　ここではモールの応力円を説明したが，歪についても同様にしてモールの歪円を考えることができる．モールの歪円は弾性体内に生じている歪を視覚的に理解することができる極めて有効な表示方法である．たとえば歪計測により弾性体内部の縦歪 e_{xx}, e_{yy} とせん断歪 e_{xy} が測定できた場合，モールの歪円を用いることで主歪の大きさと主軸の方向を簡単に求めることができる．モールの歪円やモールの応力円を用いた歪・応力状態の推定方法は多くの材料力学の教科書に載っているので，必要に応じて勉強してほしい．

例題 10 応力テンソルの対称性

応力テンソルの対称性

$$\sigma_{ij} = \sigma_{ji}$$

を示せ．

考え方

応力テンソルの対称性は，弾性体力学の重要なポイントの1つである．本例題では変形をイメージしながら，応力テンソルの対称性を導いていこう．

3次元直交直線座標系 $Oxyz$ において，座標軸に直交する面をもつ微小直方体を考える（図 3.5）．微小直方体に作用する体積力の x 軸, y 軸, z 軸方向の成分をそれぞれ F_x, F_y, F_z とする．

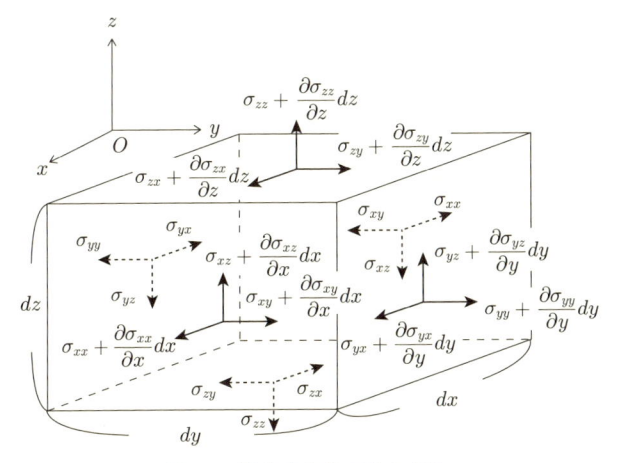

図 3.5: 微小直方体の応力成分．

一般に，外力が作用する弾性体内の応力は場所によって変化する．x 軸に直交する面（x 面）に生じる x 軸, y 軸, z 軸方向の応力成分をそれぞれ σ_{xx}, σ_{xy}, σ_{xz} とすると，x 面から dx だけ離れた面（$x+dx$ 面）に生じる応力成分は，

$$\sigma_{xx}+\frac{\partial \sigma_{xx}}{\partial x}dx, \quad \sigma_{xy}+\frac{\partial \sigma_{xy}}{\partial x}dx, \quad \sigma_{xz}+\frac{\partial \sigma_{xz}}{\partial x}dx$$

となる．

表 3.1: 微小直方体における応力テンソル．

	x 軸に直交する面	y 軸に直交する面	z 軸に直交する面
x 軸方向の応力	$\sigma_{xx}+\frac{\partial \sigma_{xx}}{\partial x}dx,\ -\sigma_{xx}$	$\sigma_{yx}+\frac{\partial \sigma_{yx}}{\partial y}dy,\ -\sigma_{yx}$	$\sigma_{zx}+\frac{\partial \sigma_{zx}}{\partial z}dz,\ -\sigma_{zx}$
y 軸方向の応力	$\sigma_{xy}+\frac{\partial \sigma_{xy}}{\partial x}dx,\ -\sigma_{xy}$	$\sigma_{yy}+\frac{\partial \sigma_{yy}}{\partial y}dy,\ -\sigma_{yy}$	$\sigma_{zy}+\frac{\partial \sigma_{zy}}{\partial z}dz,\ -\sigma_{zy}$
z 軸方向の応力	$\sigma_{xz}+\frac{\partial \sigma_{xz}}{\partial x}dx,\ -\sigma_{xz}$	$\sigma_{yz}+\frac{\partial \sigma_{yz}}{\partial y}dy,\ -\sigma_{yz}$	$\sigma_{zz}+\frac{\partial \sigma_{zz}}{\partial z}dz,\ -\sigma_{zz}$
面の面積	$dydz$	$dzdx$	$dxdy$

y 軸，z 軸に直交する面についても同様に考えると，この微小直方体に生じる応力成分は表 3.1 のようになり，図示すると図 3.5 となる．各軸の周りのモーメントが 0（物体が回転しない）という条件を用いて，応力テンソルの対称性を導いていく．以下に示す考え方は，各面に関する応力成分を理解するために重要である．

‖解答‖

微小直方体の重心を通る中心軸周りのモーメントのつり合いを考える．たとえば，z 軸に平行な中心軸周りの回転に関わる応力成分は図 3.6 に示す 4 つのみである．

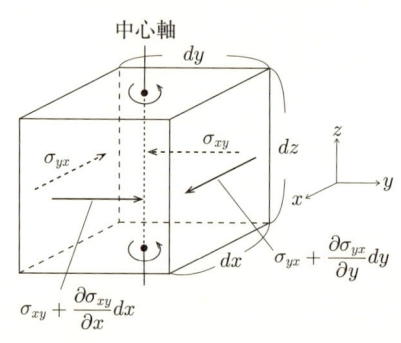

図 3.6: z 軸周りのモーメントに寄与する応力成分．

ワンポイント解説

・各面の法線応力と中心軸方向のせん断応力成分は，中心軸の周りの回転を生じさせない．

よって，z 軸に平行な中心軸周りのモーメントが 0 になる条件は反時計回りを正とすると，

$$\sigma_{xy}dydz \cdot \frac{dx}{2} + \left(\sigma_{xy} + \frac{\partial \sigma_{xy}}{\partial x}dx\right)dydz \cdot \frac{dx}{2}$$
$$- \sigma_{yx}dzdx \cdot \frac{dy}{2} - \left(\sigma_{yx} + \frac{\partial \sigma_{yx}}{\partial y}dy\right)dzdx \cdot \frac{dy}{2} = 0$$

となる．高次の項を省略すると

$$\sigma_{xy} = \sigma_{yx}$$

が得られる．

同様に，他の2つの中心軸周りのモーメントのつり合いから

$$\sigma_{yz} = \sigma_{zy}$$

$$\sigma_{zx} = \sigma_{xz}$$

が得られる．

したがって，

$$\sigma_{ij} = \sigma_{ji}$$

が成り立つ．

・モーメントの大きさは（距離）×（力）であり，力は（応力）×（面積）で表せる．つまり，（応力）×（面積）×（距離）の総和を計算する．

・面の一辺は dx および dy なので，中心軸から面までの距離は $\frac{dx}{2}$ および $\frac{dy}{2}$ となる．

・応力は9つの成分をもつが，せん断応力の対称性から，独立な成分は6つとなる．

例題 11　平衡方程式

応力成分を σ_{ij}，体積力を F_i とする．平衡方程式

$$\sigma_{ji,j} + F_i = 0$$

を導け．

考え方

弾性体に体積力や表面力などの外力が作用すると，弾性体は変形し，内部に応力が生じる．この応力が外力とつり合っている状態（平衡状態）を考える．微小直方体を考えると，各面に生じる応力は図 3.5 のようになる．各軸方向のつり合いの式を立て，条件を求めていく．平衡方程式の導出は，応力テンソルの対称性の証明とともに弾性論の基本である．

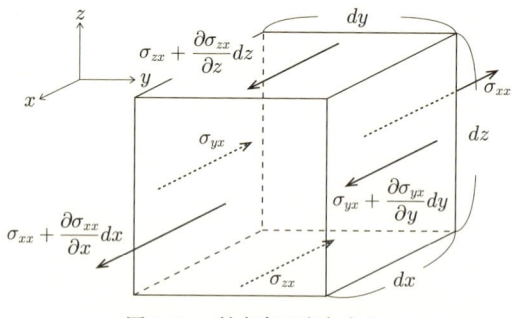

図 3.7: x 軸方向の応力成分．

解答

x 軸方向の応力成分を示すと図 3.7 のようになる．この応力成分の関係から，x 軸方向のつり合いの式は

ワンポイント解説

$$\left(\sigma_{xx} + \frac{\partial \sigma_{xx}}{\partial x}dx\right)dydz - \sigma_{xx}dydz$$
$$+ \left(\sigma_{yx} + \frac{\partial \sigma_{yx}}{\partial y}dy\right)dzdx - \sigma_{yx}dzdx$$
$$+ \left(\sigma_{zx} + \frac{\partial \sigma_{zx}}{\partial z}dz\right)dxdy - \sigma_{zx}dxdy$$
$$+ F_x dxdydz = 0.$$

・（力）
  ＝（応力）×（面積）

・体積力 (F_x) が作用することに注意する．

よって，
$$\frac{\partial \sigma_{xx}}{\partial x} + \frac{\partial \sigma_{yx}}{\partial y} + \frac{\partial \sigma_{zx}}{\partial z} + F_x = 0.$$

y 軸方向と z 軸方向についても同様にして，
$$\frac{\partial \sigma_{xy}}{\partial x} + \frac{\partial \sigma_{yy}}{\partial y} + \frac{\partial \sigma_{zy}}{\partial z} + F_y = 0$$
$$\frac{\partial \sigma_{xz}}{\partial x} + \frac{\partial \sigma_{yz}}{\partial y} + \frac{\partial \sigma_{zz}}{\partial z} + F_z = 0$$

を得る．総和規約と $\dfrac{\partial \sigma_{ji}}{\partial x_j} = \sigma_{ji,j}$ を用いると
$$\sigma_{ji,j} + F_i = 0$$

となる．

例題 12 コーシーの関係式

微小四面体における力のつり合いを考え，コーシーの関係式

$$T_i^n = \sigma_{ji} n_j$$

を示せ．ここで T_i^n は法線ベクトルが $\boldsymbol{n}$ の面に働く応力ベクトル $\boldsymbol{T}^n$ の x_i 軸方向の成分，σ_{ji} は応力テンソル，n_j は x_j 軸と $\boldsymbol{n}$ の間の方向余弦である．

考え方

コーシーの関係式はつり合い状態にある弾性体の境界条件を与える式であり，重要な基礎方程式の1つである．ここでは，コーシーの関係式の導出を行いながら，力のつり合いを学習する．

図 3.8 のような微小四面体 $OABC$ を考える．各点の座標を $O(x,y,z)$，$A(x+dx,y,z)$，$B(x,y+dy,z)$，$C(x,y,z+dz)$，点 O から面 ABC への垂線と面 ABC との交点を P とする．面 ABC の面積を dS，$\overline{OP} = h$ とする．

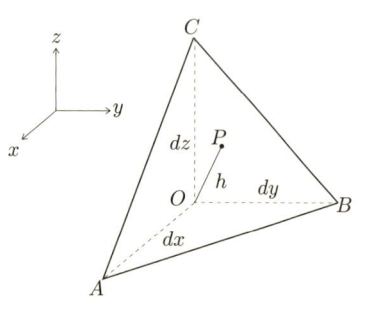

面 OBC，面 OAC，面 OAB の面積をそれぞれ dS_x，dS_y，dS_z とし，面 ABC の単位法線ベクトルを $\boldsymbol{n} = (n_x, n_y, n_z)$ とすると

$$dS_x = dS \cdot n_x, \quad dS_y = dS \cdot n_y, \quad dS_z = dS \cdot n_z$$

の関係が成り立つ（面積 dS をそれぞれの面に投影したことに相当する）．

面 ABC に作用する応力ベクトル $\boldsymbol{T}^n$ を T_x^n，T_y^n，T_z^n と各成分に分解し，各面に生じる応力と合わせて，各軸方向の力のつり合いを考えていく．その際，四面体にかかる体積力も考慮する．

図 3.8: 微小四面体．

解答

微小四面体に生じる応力を示すと図 3.9 のようにな

ワンポイント解説

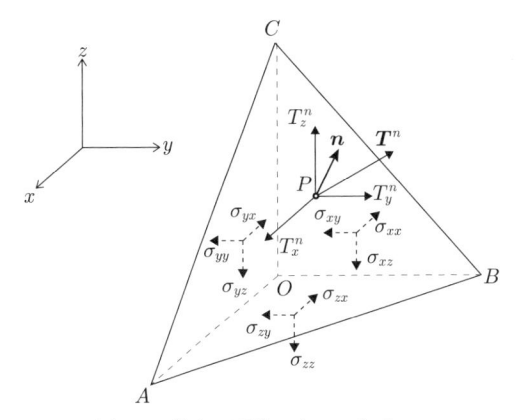

図 3.9: 微小四面体の力のつり合い.

る．体積力 $\boldsymbol{F}$ の x 成分を F_x とし，x 軸方向の力のつり合いを考えると

$$T_x^n dS + F_x \cdot \frac{1}{3} dS \cdot h$$
$$= \sigma_{xx} dS \cdot n_x + \sigma_{yx} dS \cdot n_y + \sigma_{zx} dS \cdot n_z$$

となる．ここで，$h \to 0$ とすると体積力の項は高次の微小量なので，

$$F_x \cdot \frac{1}{3} dSh \to 0$$

となる．したがって，

$$T_x^n = \sigma_{xx} n_x + \sigma_{yx} n_y + \sigma_{zx} n_z$$

を得る．y 軸，z 軸方向についても同様にして，

$$T_y^n = \sigma_{xy} n_x + \sigma_{yy} n_y + \sigma_{zy} n_z$$
$$T_z^n = \sigma_{xz} n_x + \sigma_{yz} n_y + \sigma_{zz} n_z$$

となる．これらをまとめて，総和規約を用いて書くと

$$T_i^n = \sigma_{ji} n_j$$

となる．

・$T_x^n dS$: 面 ABC に働く力

・$F_x \cdot \dfrac{1}{3} dSh$: 四面体に働く力 $\left(\dfrac{1}{3} dSh = \text{体積}\right)$

例題 13　コーシーの関係式と応力ベクトル

3次元直交直線座標系 $Oxyz$ における応力テンソルが次のように与えられるとき，以下の問いに答えよ．ただし，a, b, c は定数とする．

$$\begin{pmatrix} \sigma_{xx} & \sigma_{xy} & \sigma_{xz} \\ \sigma_{yx} & \sigma_{yy} & \sigma_{yz} \\ \sigma_{zx} & \sigma_{zy} & \sigma_{zz} \end{pmatrix} = \begin{pmatrix} ax & cy-1 & 0 \\ cy-1 & by & 0 \\ 0 & 0 & -z^2 \end{pmatrix}$$

(a) 平衡方程式が満たされているときの体積力を求めよ．

(b) $x^2 + y^2 + z^2 = 6$ の球面上の点 $P(1, 1, -2)$ における接平面の法線ベクトルと x, y, z 軸との間の方向余弦をそれぞれ求めよ．

(c) 点 P における応力ベクトルの各成分を求めよ．

考え方

具体的な応力テンソルを用いて，これまで学んできたことを一度復習してみる．本例題は応力テンソルと応力ベクトルの関係を理解するために不可欠な内容である．問題中の式やその考え方はいずれも重要なので，一つひとつ確認しながら解いていくこと．

(a) 平衡方程式 (3.3) に応力成分を代入し，体積力の各成分を求める．

(b) $x^2 + y^2 + z^2 = r^2$ (r: 定数) の球面上の点 (α, β, γ) における接平面の法線ベクトルは $\boldsymbol{n} = (\alpha, \beta, \gamma)$ となる．x 軸，y 軸，z 軸と $\boldsymbol{n}$ とのなす角をそれぞれ θ_x, θ_y, θ_z とすると，方向余弦 n_x, n_y, n_z は

$$n_x = \cos\theta_x, \quad n_y = \cos\theta_y, \quad n_z = \cos\theta_z$$

と表せる．

(c) コーシーの関係式 $T_i^n = \sigma_{ji} n_j$ を用いて，各方向の応力ベクトルを求める．ここで，n_j は面の法線ベクトル $\boldsymbol{n}$ と x_j 軸との方向余弦であり，(b) の解を用いることができる．

解答

ワンポイント解説

(a) 平衡方程式 (3.3) より

x 成分
$$\frac{\partial \sigma_{xx}}{\partial x} + \frac{\partial \sigma_{yx}}{\partial y} + \frac{\partial \sigma_{zx}}{\partial z} = -F_x$$
$$a + c = -F_x$$
$$\therefore F_x = -a - c.$$

y 成分
$$\frac{\partial \sigma_{xy}}{\partial x} + \frac{\partial \sigma_{yy}}{\partial y} + \frac{\partial \sigma_{zy}}{\partial z} = -F_y$$
$$b = -F_y$$
$$\therefore F_y = -b.$$

z 成分
$$\frac{\partial \sigma_{xz}}{\partial x} + \frac{\partial \sigma_{yz}}{\partial y} + \frac{\partial \sigma_{zz}}{\partial z} = -F_z$$
$$-2z = -F_z$$
$$\therefore F_z = 2z.$$

よって,体積力 $\boldsymbol{F}$ は
$$\boldsymbol{F} = (-a - c, -b, 2z)$$
となる.

(b) 点 P における接平面の法線ベクトル $\boldsymbol{n}$ は $\boldsymbol{n} = (1, 1, -2)$ である.x 軸,y 軸,z 軸方向の単位ベクトルをそれぞれ $\boldsymbol{e}_x$, $\boldsymbol{e}_y$, $\boldsymbol{e}_z$,$\boldsymbol{n}$ との方向余弦を n_x, n_y, n_z とする.n_x については
$$\boldsymbol{n} \cdot \boldsymbol{e}_x = |\boldsymbol{n}||\boldsymbol{e}_x| n_x$$
となり,
$$\boldsymbol{n} \cdot \boldsymbol{e}_x = (1, 1, -2) \cdot (1, 0, 0) = 1$$
$$|\boldsymbol{n}||\boldsymbol{e}_x| n_x = \sqrt{6} \cdot 1 \cdot n_x$$
より

・ $\sigma_{ji,j} + F_i = 0$ は左辺第一項で指標 j が繰り返し使われているので,j について和をとる.

・内積の公式
$\boldsymbol{a} \cdot \boldsymbol{b} = |\boldsymbol{a}||\boldsymbol{b}|\cos\theta$
ただし,$\cos\theta$ を方向余弦 (n_x) として表記してある.

$$n_x = \frac{1}{\sqrt{6}}.$$

同様にして，$\boldsymbol{n}\cdot\boldsymbol{e}_y = |\boldsymbol{n}||\boldsymbol{e}_y|n_y$ より

$$n_y = \frac{1}{\sqrt{6}}.$$

$\boldsymbol{n}\cdot\boldsymbol{e}_z = |\boldsymbol{n}||\boldsymbol{e}_z|n_z$ より

$$n_z = \frac{-2}{\sqrt{6}}.$$

(c) 点 P における応力ベクトルはコーシーの関係式 ($T_i^n = \sigma_{ji}n_j$) から求めることができる．
したがって，

$$T_x^n = \sigma_{xx}n_x + \sigma_{yx}n_y + \sigma_{zx}n_z$$
$$= ax\frac{1}{\sqrt{6}} + (cy-1)\frac{1}{\sqrt{6}}.$$

点 P の座標 ($x=1, y=1$) を代入すると

$$T_x^n = a\frac{1}{\sqrt{6}} + (c-1)\frac{1}{\sqrt{6}} = \frac{1}{\sqrt{6}}(a+c-1).$$

同様にして，

$$T_y^n = \sigma_{xy}n_x + \sigma_{yy}n_y + \sigma_{zy}n_z$$
$$= (cy-1)\frac{1}{\sqrt{6}} + by\frac{1}{\sqrt{6}}$$
$$= (c-1)\frac{1}{\sqrt{6}} + b\frac{1}{\sqrt{6}}$$
$$= \frac{1}{\sqrt{6}}(b+c-1).$$

$$T_z^n = \sigma_{xz}n_x + \sigma_{yz}n_y + \sigma_{zz}n_z$$
$$= -z^2\left(-\frac{2}{\sqrt{6}}\right)$$
$$= \frac{8}{\sqrt{6}}$$
$$= \frac{4}{3}\sqrt{6}.$$

・方向余弦の直交性より

$$n_x^2 + n_y^2 + n_z^2 = 1$$

となる（例題 4）．

・総和規約を使わずに書くと

$$T_i^n = \sigma_{ji}n_j$$
$$= \sigma_{xi}n_x$$
$$+ \sigma_{yi}n_y$$
$$+ \sigma_{zi}n_z$$

となる．

例題 14　主応力

3次元直交直線座標系 $Oxyz$ において応力テンソルが次のように与えられるとき，以下の問いに答えよ．

$$\begin{pmatrix} \sigma_{xx} & \sigma_{xy} & \sigma_{xz} \\ \sigma_{yx} & \sigma_{yy} & \sigma_{yz} \\ \sigma_{zx} & \sigma_{zy} & \sigma_{zz} \end{pmatrix} = \begin{pmatrix} 2 & -1 & -1 \\ -1 & 3 & 0 \\ -1 & 0 & 3 \end{pmatrix} \quad (3.9)$$

(a) 主応力 $\sigma_1, \sigma_2, \sigma_3$ ($\sigma_1 > \sigma_2 > \sigma_3$) を求めよ．
(b) 主応力軸の方向を求めよ．
(c) 3つの主応力軸が互いに直交することを示せ．

考え方

主応力を求めるには座標系を回転させ，応力テンソルの非対角成分を0にする必要がある．応力テンソルを対角化するためには3次の固有方程式（式 (3.4)）

$$|\sigma_{ij} - \sigma \delta_{ij}| = 0$$

を解けばよい．固有値が主応力を，そのときの固有ベクトルが主応力軸の方向を与える．

2次元問題ではないので，応力状態を具体的にイメージするのは難しいが，実際の変形場を考えるためには，3次元問題は不可欠である．ここでは，3次の固有方程式の解き方を学ぶとともに，主応力軸の直交性を確認する．

解答

(a) 主応力を求めるためには以下の固有方程式を解けばいい．

ワンポイント解説

$$\begin{vmatrix} 2-\sigma & -1 & -1 \\ -1 & 3-\sigma & 0 \\ -1 & 0 & 3-\sigma \end{vmatrix} = 0$$

$$(\sigma-3)(\sigma-4)(\sigma-1) = 0$$

$$\therefore \sigma = 1, 3, 4.$$

したがって，主応力は $\sigma_1 = 4$, $\sigma_2 = 3$, $\sigma_3 = 1$ となる．

(b) 主応力軸の方向，すなわち固有ベクトルを求めるためには，固有値を $(\sigma_{ij} - \sigma\delta_{ij}) \cdot \boldsymbol{X} = 0$ に代入し，連立方程式を解けばよい．

まず，$\sigma_1 = 4$ の場合を考えると

$$\begin{pmatrix} 2 & -1 & -1 \\ -1 & 3 & 0 \\ -1 & 0 & 3 \end{pmatrix} \begin{pmatrix} x \\ y \\ z \end{pmatrix} = 4 \begin{pmatrix} x \\ y \\ z \end{pmatrix}$$

であり，この関係式が示す連立方程式

$$2x + y + z = 0$$
$$x + y = 0$$
$$x + z = 0$$

を解くことにより，k を定数として

$$\begin{pmatrix} x \\ y \\ z \end{pmatrix} = \begin{pmatrix} k \\ -k \\ -k \end{pmatrix} \quad (3.10)$$

を得る．さらに，式 (3.10) から大きさ 1 の固有ベクトルを求めると，主応力軸の方向は

・三次の行列式

$$\begin{vmatrix} a_{xx} & a_{xy} & a_{xz} \\ a_{yx} & a_{yy} & a_{yz} \\ a_{zx} & a_{zy} & a_{zz} \end{vmatrix}$$

$$= a_{xx}a_{yy}a_{zz}$$
$$+ a_{xy}a_{yz}a_{zx}$$
$$+ a_{xz}a_{yx}a_{zy}$$
$$- a_{xx}a_{yz}a_{zy}$$
$$- a_{xy}a_{yx}a_{zz}$$
$$- a_{xz}a_{yy}a_{zx}$$

対角化により，応力テンソル (3.9) は

$$\begin{pmatrix} 4 & 0 & 0 \\ 0 & 3 & 0 \\ 0 & 0 & 1 \end{pmatrix}$$

となる．

・大きさが 1 なので

$$\sqrt{k^2 + (-k)^2 + (-k)^2} = 1$$

$$3k^2 = 1$$

$$k = \pm\frac{1}{\sqrt{3}}.$$

$$X_1 = \pm \frac{1}{\sqrt{3}} \begin{pmatrix} 1 \\ -1 \\ -1 \end{pmatrix}$$

となる.

同様にして,$\sigma_2 = 3$ の場合の主応力軸の方向は,

$$X_2 = \pm \frac{1}{\sqrt{2}} \begin{pmatrix} 0 \\ 1 \\ -1 \end{pmatrix}$$

$\sigma_3 = 1$ の場合の主応力軸の方向は,

$$X_3 = \pm \frac{1}{\sqrt{6}} \begin{pmatrix} 2 \\ 1 \\ 1 \end{pmatrix}$$

となる.

(c) 主応力軸の直交性を示すためには互いのベクトルの内積が0となることを示せばいい. 例えば, 固有ベクトル X_1 と X_2 の場合,

$$\begin{aligned} X_1 \cdot X_2 &= \pm \frac{1}{\sqrt{3}}(1, -1, -1) \cdot \pm \frac{1}{\sqrt{2}}(0, 1, -1) \\ &= \pm \frac{1}{\sqrt{6}}(0 - 1 + 1) = 0. \end{aligned}$$

よって, 2つのベクトルの直交性が示された.

他の主応力軸についても同様に内積を求めると,

$$X_2 \cdot X_3 = 0$$
$$X_3 \cdot X_1 = 0$$

となる. したがって, 3つの主応力軸は互いに直交する.

・ベクトルの内積
$a = (a_1, a_2, a_3)$
$b = (b_1, b_2, b_3)$
$a \cdot b =$
 $a_1 b_1 + a_2 b_2 + a_3 b_3$.

62　3　応力

例題 15　モール円

2次元直交直線座標系 Oxy において，座標軸と主応力軸が一致している場合を考える．x 軸，y 軸方向の主応力をそれぞれ σ_1, σ_2 ($\sigma_1 > \sigma_2 > 0$) とし，圧縮を正とする．このとき，x 軸と $30°$ の角度をなす面 P に生じるせん断応力と法線応力をモール円を用いて求めよ．

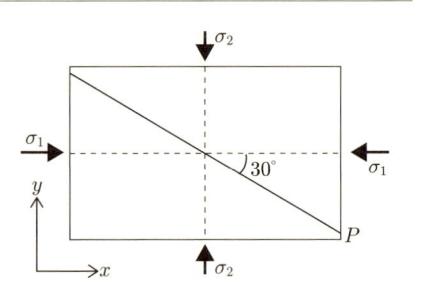

考え方

本例題では，主応力軸と任意の角をなす面に生じる法線応力，せん断応力をモール円を用いて実際に求めてみる．モール円は任意の方向の面に生じる応力状態を視覚的に確認することができる非常に優れた表現方法である．モール円の位置は主応力の大きさ，半径は差応力の大きさで決まる．

最大主応力軸方向から反時計回りに角度 θ の方向を向く法線ベクトルをもつ面に生じる法線応力とせん断応力は式 (3.6) と式 (3.7) から求めることができる．ただし，式 (3.6) と式 (3.7) の角度 θ は，最大主応力軸と注目している面の法線方向のなす角であり，面そのものとのなす角ではないことに注意する必要がある．

解答

主応力の大きさが σ_1, σ_2 ($\sigma_1 > \sigma_2 > 0$) なので，図 3.10 のようなモール円が描ける．

図 3.11 より，σ_1 の方向と面 P の法線ベクトルとのなす角 θ は $60°$ となるので，面 P はモール円上では点 P の位置になる．したがって，法線応力 N は式 (3.6) より

$$N = \frac{\sigma_1 + \sigma_2}{2} + \frac{\sigma_1 - \sigma_2}{2} \cos 2\theta$$

ワンポイント解説

- モール円は 2θ に関する円であることに注意．
- $\theta + 30° = 90°$ より $\theta = 60°$ となる．

例題 15 モール円　63

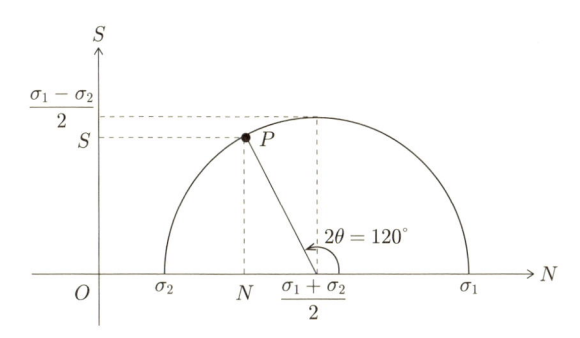

図 3.10: モール円と応力.

・モール円と横軸の交点は主応力の値となる．中心は $\dfrac{\sigma_1+\sigma_2}{2}$，半径は $\dfrac{\sigma_1-\sigma_2}{2}$ となる．

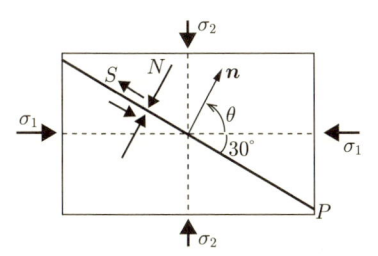

図 3.11: 面 P に生じる応力.

・せん断応力 S は面 P を反時計回りに回転させるモーメントを生じるので，その符号は正である．

$$= \frac{\sigma_1+\sigma_2}{2} + \frac{\sigma_1-\sigma_2}{2}\left(-\frac{1}{2}\right)$$
$$= \frac{\sigma_1+3\sigma_2}{4}.$$

せん断応力 S は式 (3.7) より

$$S = \frac{\sigma_1-\sigma_2}{2}\sin 2\theta$$
$$= \frac{\sigma_1-\sigma_2}{2}\left(\frac{\sqrt{3}}{2}\right)$$
$$= \frac{\sqrt{3}}{4}(\sigma_1-\sigma_2)$$

となる．

例題 16　クーロンの破壊基準

　弾性体内部のある面におけるせん断破壊強度はその面に生じる法線応力 N を用いて，

$$S_t = S_0 + \mu N$$

と書けるものとする．ここで，S_0 は凝着力，μ は内部摩擦係数である．破壊がクーロンの破壊基準に従うとき，破壊が期待される面の法線方向と最大主応力軸の間のなす角を求めよ．なお，座標系は 2 次元直交直線座標 Oxy を考え，座標軸は主軸方向にとられているものとする．x 軸，y 軸方向の主応力をそれぞれ σ_1，σ_2 $(\sigma_1 > \sigma_2 > 0)$ とし，圧縮を正とする．

考え方

　本章で学習したモール円により，媒質内の任意の面の応力状態を計算することができるが，地震学や地盤工学においては，媒質内に生じる差応力によりせん断破壊が生じる面の方向が重要になる．本例題ではクーロンの破壊基準を導入し，媒質内でせん断破壊が期待される面の方向を求めてみる．

> **クーロンの破壊基準**
> 媒質内のある面に生じるせん断応力が，媒質固有のパラメータ (S_0, μ) と法線応力によって決まるせん断破壊強度 S_t と等しくなったときに破壊が生じるという考え．

　クーロンの破壊基準において，ある面におけるせん断破壊強度は，

$$S_t = S_0 + \mu N$$

と表せる．ここで，S_0 は凝着力，μ は内部摩擦係数で媒質によって異なる値をとる．この関係より，面に生じるせん断応力 S が S_t より大きくなる，つまり

$$|S| \geq S_0 + \mu N$$

となるせん断応力が生じる面で破壊が期待されることになる．クーロンの破壊基準のグラフをモール円と同一図上にプロットすると破壊が期待される面の法線方向を求めることができる．

解答

問題で与えられた応力場におけるモール円は例題15のモール円と同じである．

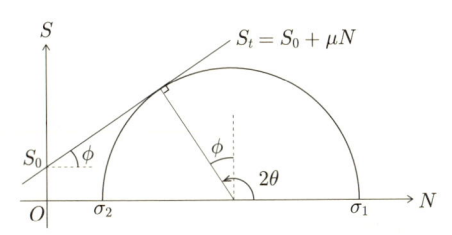

図 3.12: モール円とクーロンの破壊基準.

クーロンの破壊基準に従うと，$|S| = S_t$ となる面で破壊が期待される．この関係をモール円を用いて表現すると図 3.12 のようになる．この図から内部摩擦係数は角度 ϕ を用いて $\mu = \tan\phi$ と表せるので，クーロンの破壊基準を満足する面の法線方向と最大主応力軸とのなす角 θ は

$$2\theta = \phi + \frac{\pi}{2}$$
$$\therefore \theta = \frac{\phi}{2} + \frac{\pi}{4}$$
$$\theta = \frac{1}{2}\left(\tan^{-1}\mu\right) + \frac{\pi}{4}$$

となる．破壊が期待される面の法線方向は内部摩擦係数 μ に依存することがわかる．

ワンポイント解説

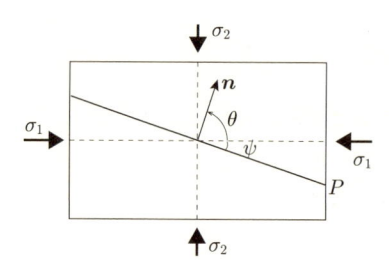

図 3.13: 主応力軸と破壊面.

一方で，破壊が期待される面と σ_1 軸の間のなす角 ψ は，図 3.13 より

$$\psi = \frac{\pi}{2} - \theta = \frac{\pi}{2} - \left(\frac{\phi}{2} + \frac{\pi}{4}\right)$$
$$= \frac{\pi}{4} - \frac{\phi}{2}$$

となる．例えば $\mu = 0.6$ のとき，角度 ψ は

$$\psi = \frac{\pi}{4} - \frac{1}{2}\tan^{-1}\mu \approx 30°$$

となる．

・一般には，面の法線ではなく，面の方向と σ_1 軸の間のなす角を議論するので，ψ を用いることが多い．

第 3 章の発展問題

3-1. 式 (3.6) と式 (3.7) を導け．

3-2. 例題 16 において $\sigma_1 = \sigma_2$ の状態から，主応力 σ_1 を大きくしていったとき，σ_1 の大きさによってモール円はどのように変化するか，クーロンの破壊基準と関連づけて考察しなさい．

3-3. 円柱座標系 $Or\theta z$ における平衡方程式を導け．

4 フックの法則と弾性定数

重要度 ★★★★★

―― 《 はじめに 》――

歪は変形の幾何学に関する量，応力は変形によって生じる力学に関する量である．歪と応力はそれぞれ弾性体の性質とは無関係に決まる量であるが，変形により弾性体内部の任意の2点の相対位置が変化し，歪と応力が生じることを考えると，弾性体内部の変形を統一的に記述するためには，歪と応力の関係を示す法則（構成則）が必要となる．

本章では応力と歪は線形関係にあり，応力と歪の間に非線形関係が生じないような微小な変形のみを扱う．応力と歪が線形関係にある場合に成り立つ理論を線形弾性論という．線形弾性論で許容される変形は極めて小さい場合に限られるが，そこで成り立つ基礎方程式の応用範囲は広く，建物の構造解析や材料の加工，地球内部の構造解析などの様々な分野で線形弾性論が使われている．

―― 《 フックの法則と弾性定数 》――

弾性体内に生じる力の場は応力テンソル σ_{ij} で，変形の場は歪テンソル e_{kl} で完全に記述できる．いま，σ_{ij} と e_{kl} の間に次の線形関係が成り立っているとする．

$$\sigma_{ij} = C_{ijkl} e_{kl}. \tag{4.1}$$

この関係をフックの法則という．C_{ijkl} は σ_{ij} と e_{kl} に関しては定数であり，一般的には弾性体内の場所の関数である．C_{ijkl} は4階のテンソルである．

フックの法則に対して応力と歪の対称性を考えると，C_{ijkl} は

$$\sigma_{ij} = \sigma_{ji} \quad \text{より} \quad C_{ijkl} = C_{jikl}$$

$$e_{kl} = e_{lk} \quad \text{より} \quad C_{ijkl} = C_{ijlk}$$

となる．ここで，

$$\sigma_{xx} = \sigma_1, \quad \sigma_{yy} = \sigma_2, \quad \sigma_{zz} = \sigma_3, \quad \sigma_{yz} = \sigma_4, \quad \sigma_{zx} = \sigma_5, \quad \sigma_{xy} = \sigma_6$$
$$e_{xx} = e_1, \quad e_{yy} = e_2, \quad e_{zz} = e_3, \quad 2e_{yz} = e_4, \quad 2e_{zx} = e_5, \quad 2e_{xy} = e_6$$
(4.2)

と書くことで式 (4.1) を簡略化する．式 (4.2) の表記を **Voigt**（フォークト）表記という．このとき，応力と歪の関係は

$$\sigma_i = c_{ij} e_j \quad (i,j = 1 \sim 6) \tag{4.3}$$

となる．この c_{ij} を弾性定数という．また，e_j と σ_i の関係を

$$e_j = s_{ji} \sigma_i \tag{4.4}$$

と表示することもあり，s_{ji} をコンプライアンスという．なお，歪は無次元量なので，弾性定数は応力と同じ次元をもつ．式 (4.3) から c_{ij} は 36 個の成分をもつことになるが，歪エネルギーの考察から $c_{ij} = c_{ji}$ となり，c_{ij} の独立な成分は 21 個になることが知られている（発展問題 5-5）．弾性定数 c_{ij} が座標系に依存する弾性体を非等方弾性体という．弾性定数がある面や軸に関して対称であるときには，独立な弾性定数はもっと少なくなる．弾性定数が座標系に依存しないとき，その弾性体を等方弾性体という．

―――――――《 **等方弾性体** 》―――――――

等方弾性体の弾性定数は λ と μ の 2 つの定数で表すことができる．この λ と μ をラメの定数という．このとき，応力と歪の関係は

$$\begin{pmatrix} \sigma_1 \\ \sigma_2 \\ \sigma_3 \\ \sigma_4 \\ \sigma_5 \\ \sigma_6 \end{pmatrix} = \begin{pmatrix} \lambda+2\mu & \lambda & \lambda & 0 & 0 & 0 \\ \lambda & \lambda+2\mu & \lambda & 0 & 0 & 0 \\ \lambda & \lambda & \lambda+2\mu & 0 & 0 & 0 \\ 0 & 0 & 0 & \mu & 0 & 0 \\ 0 & 0 & 0 & 0 & \mu & 0 \\ 0 & 0 & 0 & 0 & 0 & \mu \end{pmatrix} \begin{pmatrix} e_1 \\ e_2 \\ e_3 \\ e_4 \\ e_5 \\ e_6 \end{pmatrix} \quad (4.5)$$

となる．総和規約を用いると

$$\sigma_{ij} = \lambda \delta_{ij} e_{kk} + 2\mu e_{ij} \quad (4.6)$$

と書ける．歪は無次元量であるので，λ と μ の単位は応力の単位となる．国際単位系では $N/m^2 = Pa$ [パスカル] を用いる．歪を応力で表すと

$$e_{ij} = \frac{-\lambda \delta_{ij}}{2\mu(3\lambda+2\mu)}\sigma_{kk} + \frac{1}{2\mu}\sigma_{ij} \quad (4.7)$$

となる．

◆◆◆ **注意** ◆◆◆

弾性定数が λ と μ の2つの定数で表されるためには，「等方弾性体」であればよく，弾性定数が弾性体内部の場所に依存しない「均質等方弾性体」である必要はない．弾性体力学の基礎方程式も「等方弾性体」に対して成り立つものが多い．しかしながら，ある広がりをもつ弾性体の変形を記述する場合には均質等方弾性体を考えた方が変形の具体的なイメージを描きやすいため，以降の例題では均質等方弾性体を仮定して定式化を行っていく．

《 弾性定数の意味 》

式 (4.5) で示すように等方弾性体の弾性定数は λ と μ の2つの定数（ラメの定数）で表せる．後述する弾性波の理論的展開では，ラメの定数を用いた方が表記が容易になるが，変形を記述する場合には物理的な意味が明確な定数を用いた方が具体的なイメージをつかみやすい．

ここでは，等方弾性体の弾性的性質を示す定数を紹介する（各定数の求め方や物理的意味は例題 20，例題 22，例題 23 で学習する）．

ヤング率 E：物体に生じるある軸方向の応力 (σ_{xx}) とその軸方向の歪 (e_{xx}) の比．物体の伸びにくさ，縮みにくさを表す定数である（図 4.1）．単位は応力と同じ Pa である．

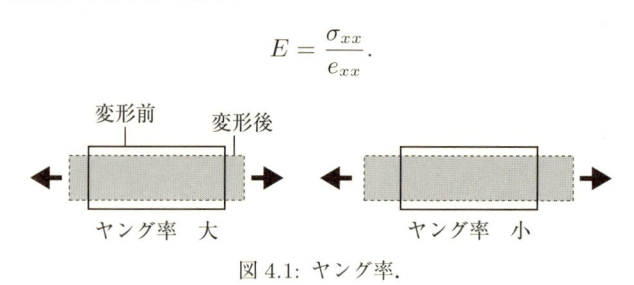

$$E = \frac{\sigma_{xx}}{e_{xx}}.$$

図 4.1: ヤング率．

ポアソン比 ν：ある軸方向の歪（e_{xx}）とそれに直交する軸方向の歪（e_{yy} または e_{zz}）の比にマイナスを付けたもの．物体を伸ばしたときに，それと直交する方向にどのくらい縮むかを表す定数である（図 4.2）．歪の比なので単位は無次元である．

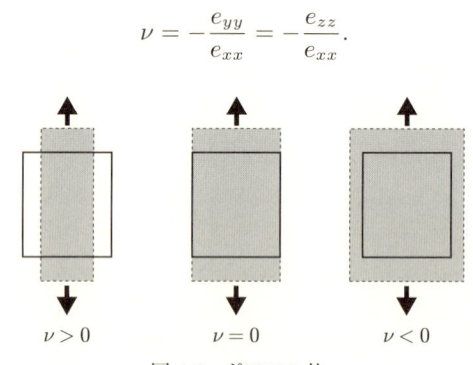

$$\nu = -\frac{e_{yy}}{e_{xx}} = -\frac{e_{zz}}{e_{xx}}.$$

図 4.2: ポアソン比．

体積弾性率 K：等方的な外力（P）と体積歪（θ）の比．等方的な圧縮や膨張に対する体積変化を表す定数である（図 4.3）．単位は応力と同じ Pa である．

$$K = -\frac{P}{\theta}.$$

体積弾性率　大　　　　　体積弾性率　小

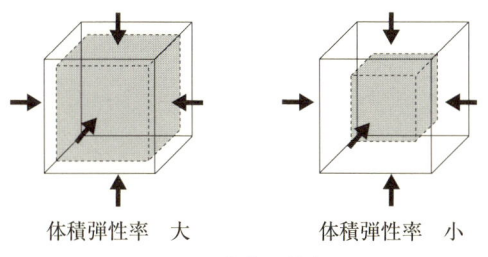

図 4.3: 体積弾性率.

剛性率 μ：せん断応力（σ_{xy}）とせん断歪（e_{xy}）の比．ラメの定数の1つ．せん断変形のしにくさ（ねじれにくさ）を表す定数である（図 4.4）．単位は応力と同じ Pa である．

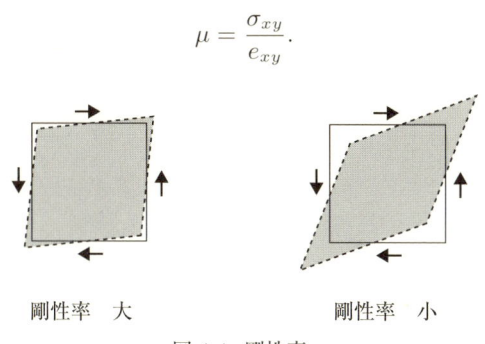

$$\mu = \frac{\sigma_{xy}}{e_{xy}}.$$

剛性率　大　　　　　剛性率　小

図 4.4: 剛性率.

等方弾性体の弾性的性質を表す定数は λ, μ, ν, E, K の5つあるが，独立な定数は2つのみである．よく使われる各定数間の関係には以下のものがある．

$$E = \frac{\mu(3\lambda + 2\mu)}{\lambda + \mu} \tag{4.8}$$

$$\nu = \frac{\lambda}{2(\lambda + \mu)} \tag{4.9}$$

$$K = \lambda + \frac{2}{3}\mu = \frac{E}{3(1 - 2\nu)} \tag{4.10}$$

$$\lambda = \frac{E\nu}{(1 + \nu)(1 - 2\nu)} \tag{4.11}$$

$$\mu = \frac{E}{2(1+\nu)}. \tag{4.12}$$

歪と応力の関係式 (4.6) と式 (4.7) はポアソン比とヤング率を用いると，それぞれ

$$\sigma_{ij} = \frac{E}{1+\nu}\left(\frac{\nu}{1-2\nu}\delta_{ij}e_{kk} + e_{ij}\right) \tag{4.13}$$

$$e_{ij} = \frac{1+\nu}{E}\sigma_{ij} - \frac{\nu}{E}\delta_{ij}\sigma_{kk} \tag{4.14}$$

と書ける．

表 4.1: 主な物質の弾性定数

	E(GPa)	μ(GPa)	K(GPa)	ν
金	78	27	217	0.44
銀	83	30	104	0.37
銅	129	48	137	0.34
鉛	16	6	46	0.44
チタン	116	44	108	0.32
アルミニウム	70	26	72	0.25
ダイアモンド	866	346	585	0.25

※ 国立天文台編,「理科年表」, 丸善（2014）.

例題 17　面対称な媒質における弾性定数

応力 σ_i と歪 e_j の間には c_{ij} を弾性定数として，

$$\sigma_i = c_{ij} e_j \quad (i, j = 1, 2, \ldots, 6)$$

という関係がある．ここで，$c_{ij} = c_{ji}$ である．3 次元直交直線座標系 $Oxyz$ において，次の場合に独立な弾性定数がいくつになるか求めよ．
(a) xz 面に関して対称である場合．
(b) xz 面と yz 面に関して対称である場合．

考え方

本例題では弾性定数の対称性を考えることで，独立な弾性定数を 21 個から減らしていくことを試みる．式変形を詳しくフォローしているので計算が複雑にみえるが，座標変換の前後で応力成分が変化しないための条件を求めているだけである．対称性を考えるということは，座標変換の前後で応力成分が同一となるような弾性定数を求めることに帰着する．

座標変換前の座標，応力，歪をそれぞれ x_i, σ_{ij}, e_{ij}, 座標変換後の座標，応力，歪をそれぞれ x_i', σ_{ij}', e_{ij}' とし，変換前後の応力と歪を比較することで，c_{ij} の条件を求めることができる．

(a) 弾性定数が xz 面に関して対称な場合，座標変換で y 軸が反対向きになるので，変換前後の座標系の間には

$$\begin{pmatrix} x' \\ y' \\ z' \end{pmatrix} = \begin{pmatrix} 1 & 0 & 0 \\ 0 & -1 & 0 \\ 0 & 0 & 1 \end{pmatrix} \begin{pmatrix} x \\ y \\ z \end{pmatrix} \quad (4.15)$$

の関係が成り立つ．したがって，座標変換を表す変換行列 M は

$$M = \begin{pmatrix} 1 & 0 & 0 \\ 0 & -1 & 0 \\ 0 & 0 & 1 \end{pmatrix}$$

となる．式 (1.12) により 2 階のテンソル T の成分の座標変換は

$$[T'] = [M][T][M]^T$$

と書けるので，応力テンソルは

$$\begin{pmatrix} \sigma'_{xx} & \sigma'_{xy} & \sigma'_{xz} \\ \sigma'_{yx} & \sigma'_{yy} & \sigma'_{yz} \\ \sigma'_{zx} & \sigma'_{zy} & \sigma'_{zz} \end{pmatrix} = \begin{pmatrix} 1 & 0 & 0 \\ 0 & -1 & 0 \\ 0 & 0 & 1 \end{pmatrix} \begin{pmatrix} \sigma_{xx} & \sigma_{xy} & \sigma_{xz} \\ \sigma_{yx} & \sigma_{yy} & \sigma_{yz} \\ \sigma_{zx} & \sigma_{zy} & \sigma_{zz} \end{pmatrix} \begin{pmatrix} 1 & 0 & 0 \\ 0 & -1 & 0 \\ 0 & 0 & 1 \end{pmatrix}$$

$$= \begin{pmatrix} \sigma_{xx} & -\sigma_{xy} & \sigma_{xz} \\ -\sigma_{yx} & \sigma_{yy} & -\sigma_{yz} \\ \sigma_{zx} & -\sigma_{zy} & \sigma_{zz} \end{pmatrix}$$

と変換される．歪も同様にして，

$$\begin{pmatrix} e'_{xx} & e'_{xy} & e'_{xz} \\ e'_{yx} & e'_{yy} & e'_{yz} \\ e'_{zx} & e'_{zy} & e'_{zz} \end{pmatrix} = \begin{pmatrix} e_{xx} & -e_{xy} & e_{xz} \\ -e_{yx} & e_{yy} & -e_{yz} \\ e_{zx} & -e_{zy} & e_{xx} \end{pmatrix}$$

と変換される．つまり，座標変換により応力と歪はともに，y軸に直交する面（xz面）に関するせん断成分の符号が反転する．ここで，式 (4.2) で表されるフォークト表記を用いて指標の置き換えを行うと，座標変換前後の応力と歪の関係は，

$$\begin{aligned} \sigma'_1 &= \sigma_1, & e'_1 &= e_1 \\ \sigma'_2 &= \sigma_2, & e'_2 &= e_2 \\ \sigma'_3 &= \sigma_3, & e'_3 &= e_3 \\ \sigma'_4 &= -\sigma_4, & e'_4 &= -e_4 \\ \sigma'_5 &= \sigma_5, & e'_5 &= e_5 \\ \sigma'_6 &= -\sigma_6, & e'_6 &= -e_6 \end{aligned} \quad (4.16)$$

となる．

(b) yz面に関して対称な場合，座標変換でx軸が反対向きになるので，座標変換行列は

$$M = \begin{pmatrix} -1 & 0 & 0 \\ 0 & 1 & 0 \\ 0 & 0 & 1 \end{pmatrix}$$

となる．したがって，変換前後での座標系の間には

$$\begin{pmatrix} x' \\ y' \\ z' \end{pmatrix} = \begin{pmatrix} -1 & 0 & 0 \\ 0 & 1 & 0 \\ 0 & 0 & 1 \end{pmatrix} \begin{pmatrix} x \\ y \\ z \end{pmatrix}$$

の関係が成り立ち，この関係式は次のように書き換えることができる．

$$\begin{pmatrix} z' \\ x' \\ y' \end{pmatrix} = \begin{pmatrix} 1 & 0 & 0 \\ 0 & -1 & 0 \\ 0 & 0 & 1 \end{pmatrix} \begin{pmatrix} z \\ x \\ y \end{pmatrix}. \tag{4.17}$$

式 (4.17) は式 (4.15) を $x \to z$, $y \to x$, $z \to y$ と置き換えたものである．したがって，問題の対称性を考えることで (a) で求めた弾性定数から yz 面に関して対称な弾性定数を求めることができる．

‖解答‖

(a) 応力と歪の関係は，座標変換前は $\sigma_i = c_{ij} e_j$，座標変換後は $\sigma'_i = c_{ij} e'_j$ である．まず，式 (4.16) の σ_1 と σ'_1 について，係数の比較を行う．

変換後：
$$\sigma'_1 = c_{11} e'_1 + c_{12} e'_2 + c_{13} e'_3 + c_{14} e'_4 + c_{15} e'_5 + c_{16} e'_6$$
$$= c_{11} e_1 + c_{12} e_2 + c_{13} e_3 - c_{14} e_4 + c_{15} e_5 - c_{16} e_6.$$

変換前：
$$\sigma_1 = c_{11} e_1 + c_{12} e_2 + c_{13} e_3 + c_{14} e_4 + c_{15} e_5 + c_{16} e_6.$$

ここで，$\sigma_1 = \sigma'_1$ より

ワンポイント解説

・変換前後の歪の関係式（式 (4.16)）を代入する．

$$c_{14} = c_{16} = 0 \tag{4.18}$$

が必要となる．σ_2 と σ_2', σ_3 と σ_3' についても同様にして，それぞれ

$$c_{24} = c_{26} = 0 \tag{4.19}$$

$$c_{34} = c_{36} = 0 \tag{4.20}$$

を得る．

次に，式 (4.16) の σ_4 と σ_4' について，係数の比較を行う．

変換後：

$\sigma_4' = c_{41}e_1' + c_{42}e_2' + c_{43}e_3' + c_{44}e_4' + c_{45}e_5' + c_{46}e_6'$

$\quad = c_{41}e_1 + c_{42}e_2 + c_{43}e_3 - c_{44}e_4 + c_{45}e_5 - c_{46}e_6.$

変換前：

$\sigma_4 = c_{41}e_1 + c_{42}e_2 + c_{43}e_3 + c_{44}e_4 + c_{45}e_5 + c_{46}e_6.$

ここで，$\sigma_4 = -\sigma_4'$ より

$$c_{41} = c_{42} = c_{43} = c_{45} = 0 \tag{4.21}$$

が得られる．σ_5 と σ_5', σ_6 と σ_6' についても同様にして，それぞれ

$$c_{54} = c_{56} = 0 \tag{4.22}$$

$$c_{61} = c_{62} = c_{63} = c_{65} = 0 \tag{4.23}$$

を得る．

式 (4.18)〜(4.23) を c_{ij} の対称性 ($c_{ij} = c_{ji}$) を考慮して整理すると，

・任意の歪成分について，$\sigma_1 = \sigma_1'$ が成立するように弾性定数を求める．

例題 17　面対称な媒質における弾性定数　　77

$$c_{14} = c_{16} = c_{24} = c_{26}$$
$$= c_{34} = c_{36} = c_{45} = c_{56} = 0 \quad (4.24)$$

となる．したがって，応力と歪の関係は

$$\begin{pmatrix} \sigma_1 \\ \sigma_2 \\ \sigma_3 \\ \sigma_4 \\ \sigma_5 \\ \sigma_6 \end{pmatrix} = \begin{pmatrix} c_{11} & c_{12} & c_{13} & 0 & c_{15} & 0 \\ c_{12} & c_{22} & c_{23} & 0 & c_{25} & 0 \\ c_{13} & c_{23} & c_{33} & 0 & c_{35} & 0 \\ 0 & 0 & 0 & c_{44} & 0 & c_{46} \\ c_{15} & c_{25} & c_{35} & 0 & c_{55} & 0 \\ 0 & 0 & 0 & c_{46} & 0 & c_{66} \end{pmatrix} \begin{pmatrix} e_1 \\ e_2 \\ e_3 \\ e_4 \\ e_5 \\ e_6 \end{pmatrix}$$

となり，独立な弾性定数は 13 個となる．

(b)　式 (4.15) と式 (4.17) を比較し，指標を以下のように置き換える．

置換前のフォークト表記	1	2	3	4	5	6
置換前の真の指標	xx	yy	zz	yz	zx	xy
	↓	↓	↓	↓	↓	↓
置換後の真の指標	zz	xx	yy	xy	yz	zx
置換後のフォークト表記	3	1	2	6	4	5

・$x \to z$, $y \to x$, $z \to y$ と置き換える．

この置換関係を用いて式 (4.24) を書き直すと

$$c_{36} = c_{35} = c_{16} = c_{15}$$
$$= c_{26} = c_{25} = c_{64} = c_{45} = 0$$

を得る．c_{ij} の対称性を考え，順番を整理すると

$$c_{15} = c_{16} = c_{25} = c_{26}$$
$$= c_{35} = c_{36} = c_{45} = c_{46} = 0$$

となる．

xz 面に関して対称な場合の結果（式 (4.24)）

$$c_{14} = c_{16} = c_{24} = c_{26}$$
$$= c_{34} = c_{36} = c_{45} = c_{56} = 0$$

と合わせて考えると，xz 面に加え，yz 面に関しても対称な場合の応力と歪の関係は

$$\begin{pmatrix} \sigma_1 \\ \sigma_2 \\ \sigma_3 \\ \sigma_4 \\ \sigma_5 \\ \sigma_6 \end{pmatrix} = \begin{pmatrix} c_{11} & c_{12} & c_{13} & 0 & 0 & 0 \\ c_{12} & c_{22} & c_{23} & 0 & 0 & 0 \\ c_{13} & c_{23} & c_{33} & 0 & 0 & 0 \\ 0 & 0 & 0 & c_{44} & 0 & 0 \\ 0 & 0 & 0 & 0 & c_{55} & 0 \\ 0 & 0 & 0 & 0 & 0 & c_{66} \end{pmatrix} \begin{pmatrix} e_1 \\ e_2 \\ e_3 \\ e_4 \\ e_5 \\ e_6 \end{pmatrix} \quad (4.25)$$

となり，独立な弾性定数は 9 つとなる．なお，xz 面に加えて yz 面に関して対称であれば，xy 面に関しても対称となるので，式 (4.25) は互いに直交する 3 つの平面に関して弾性定数が対称である場合の応力と歪の関係を表す．互いに直交する 3 つの平面について弾性的性質が対称であることを「直交異方性」という．

例題 18　1つの軸の周りに回転対称な場合

3次元直交直線座標系 $Oxyz$ において，弾性定数 c_{ij} が z 軸に関して回転対称である場合，弾性定数がいくつになるか求めよ．

考え方

例題 17 では面対称の場合を考えているが，ここでは軸対称の場合に弾性定数がどうなるかを示していく．軸対称の場合には，回転に関する行列（三角関数）を用いるため，式展開や座標変換の前後での応力成分の比較が複雑になる．そのため，解答に非常に多くのページを割くことになるが，計算手順は例題 17 と同じである．

z 軸に関する反時計回りの回転による座標変換を表す変換行列 M は

$$M = \begin{pmatrix} \cos\theta & \sin\theta & 0 \\ -\sin\theta & \cos\theta & 0 \\ 0 & 0 & 1 \end{pmatrix}$$

と書ける．座標変換前の座標，応力，歪をそれぞれ x_i, σ_{ij}, e_{ij}, 座標変換後の座標，応力，歪をそれぞれ x'_i, σ'_{ij}, e'_{ij} とすると，変換前後の座標系の間には

$$\begin{pmatrix} x'_1 \\ x'_2 \\ x'_3 \end{pmatrix} = \begin{pmatrix} \cos\theta & \sin\theta & 0 \\ -\sin\theta & \cos\theta & 0 \\ 0 & 0 & 1 \end{pmatrix} \begin{pmatrix} x \\ y \\ z \end{pmatrix}$$

の関係が成立する．この変換行列 M により 2 階のテンソル T の成分は，以下の変換を受ける（式 (1.12)）．

$$[T'] = [M][T][M]^T$$

よって，応力テンソルの成分の座標変換は次のようになる．

$$\begin{pmatrix} \sigma'_{xx} & \sigma'_{xy} & \sigma'_{xz} \\ \sigma'_{yx} & \sigma'_{yy} & \sigma'_{yz} \\ \sigma'_{zx} & \sigma'_{zy} & \sigma'_{zz} \end{pmatrix} = \begin{pmatrix} \cos\theta & \sin\theta & 0 \\ -\sin\theta & \cos\theta & 0 \\ 0 & 0 & 1 \end{pmatrix}$$

$$\begin{pmatrix} \sigma_{xx} & \sigma_{xy} & \sigma_{xz} \\ \sigma_{yx} & \sigma_{yy} & \sigma_{yz} \\ \sigma_{zx} & \sigma_{zy} & \sigma_{zz} \end{pmatrix} \begin{pmatrix} \cos\theta & -\sin\theta & 0 \\ \sin\theta & \cos\theta & 0 \\ 0 & 0 & 1 \end{pmatrix}.$$

よって,座標変換後の応力成分は,上式を整理すると

$$\begin{aligned}
\sigma'_{xx} &= \sigma_{xx}\cos^2\theta + 2\sigma_{xy}\sin\theta\cos\theta + \sigma_{yy}\sin^2\theta \\
\sigma'_{yy} &= \sigma_{xx}\sin^2\theta - 2\sigma_{xy}\sin\theta\cos\theta + \sigma_{yy}\cos^2\theta \\
\sigma'_{zz} &= \sigma_{zz} \\
\sigma'_{yz} &= -\sigma_{zx}\sin\theta + \sigma_{yz}\cos\theta \\
\sigma'_{zx} &= \sigma_{zx}\cos\theta + \sigma_{yz}\sin\theta \\
\sigma'_{xy} &= (\sigma_{yy} - \sigma_{xx})\cos\theta\sin\theta + \sigma_{xy}(\cos^2\theta - \sin^2\theta)
\end{aligned} \quad (4.26)$$

と書ける.歪成分も同様にして

$$\begin{aligned}
e'_{xx} &= e_{xx}\cos^2\theta + 2e_{xy}\sin\theta\cos\theta + e_{yy}\sin^2\theta \\
e'_{yy} &= e_{xx}\sin^2\theta - 2e_{xy}\sin\theta\cos\theta + e_{yy}\cos^2\theta \\
e'_{zz} &= e_{zz} \\
e'_{yz} &= -e_{zx}\sin\theta + e_{yz}\cos\theta \\
e'_{zx} &= e_{zx}\cos\theta + e_{yz}\sin\theta \\
e'_{xy} &= (e_{yy} - e_{xx})\cos\theta\sin\theta + e_{xy}(\cos^2\theta - \sin^2\theta)
\end{aligned} \quad (4.27)$$

と書ける.なお,σ_{ij}, e_{ij} ともに独立な 6 成分のみ示してある.

ここで,フォークト表記

$$\begin{aligned}
&\sigma_{xx} = \sigma_1, \quad \sigma_{yy} = \sigma_2, \quad \sigma_{zz} = \sigma_3, \quad \sigma_{yz} = \sigma_4, \quad \sigma_{zx} = \sigma_5, \quad \sigma_{xy} = \sigma_6 \\
&e_{xx} = e_1, \quad e_{yy} = e_2, \quad e_{zz} = e_3, \quad 2e_{yz} = e_4, \quad 2e_{zx} = e_5, \quad 2e_{xy} = e_6
\end{aligned} \quad (4.28)$$

を用いて式 (4.26) と式 (4.27) を書くと，次のようになる．

$$\begin{aligned}
\sigma_1' &= \sigma_1 \cos^2\theta + 2\sigma_6 \sin\theta\cos\theta + \sigma_2 \sin^2\theta \\
\sigma_2' &= \sigma_1 \sin^2\theta - 2\sigma_6 \sin\theta\cos\theta + \sigma_2 \cos^2\theta \\
\sigma_3' &= \sigma_3 \\
\sigma_4' &= -\sigma_5 \sin\theta + \sigma_4 \cos\theta \\
\sigma_5' &= \sigma_5 \cos\theta + \sigma_4 \sin\theta \\
\sigma_6' &= (\sigma_2 - \sigma_1)\cos\theta\sin\theta + \sigma_6(\cos^2\theta - \sin^2\theta)
\end{aligned} \quad (4.29)$$

$$\begin{aligned}
e_1' &= e_1 \cos^2\theta + e_6 \sin\theta\cos\theta + e_2 \sin^2\theta \\
e_2' &= e_1 \sin^2\theta - e_6 \sin\theta\cos\theta + e_2 \cos^2\theta \\
e_3' &= e_3 \\
e_4' &= -e_5 \sin\theta + e_4 \cos\theta \\
e_5' &= e_5 \cos\theta + e_4 \sin\theta \\
e_6' &= 2(e_2 - e_1)\cos\theta\sin\theta + e_6(\cos^2\theta - \sin^2\theta).
\end{aligned} \quad (4.30)$$

式 (4.29) と式 (4.30) は座標変換後の応力成分と歪成分をそれぞれ表す．ここで，座標変換前の応力と歪の関係は

$$\sigma_i = c_{ij} e_j \quad (4.31)$$

であり，座標変換後の応力と歪の関係は

$$\sigma_i' = c_{ij} e_j' \quad (4.32)$$

である．任意の回転角 θ に対して式 (4.29) が常に成立するように，弾性定数が満たすべき条件を求めていく．式の変形には弾性定数の対称性 ($c_{ij} = c_{ji}$) を利用する．

‖解答‖

式 (4.29) の第 3 式を用いて，係数の比較を行う．

ワンポイント解説

左辺：
$$\sigma_3' = c_{13}e_1' + c_{23}e_2' + c_{33}e_3' + c_{34}e_4' + c_{35}e_5' + c_{36}e_6'$$

$\quad\quad\quad\cdot\ \sigma_i' = c_{ij}e_j'$

$$= c_{13}\left(e_1\cos^2\theta + e_6\sin\theta\cos\theta + e_2\sin^2\theta\right)$$
$$+ c_{23}\left(e_1\sin^2\theta - e_6\sin\theta\cos\theta + e_2\cos^2\theta\right)$$
$$+ c_{33}e_3$$
$$+ c_{34}(-e_5\sin\theta + e_4\cos\theta)$$
$$+ c_{35}(e_5\cos\theta + e_4\sin\theta)$$
$$+ c_{36}\left[2(e_2-e_1)\cos\theta\sin\theta + e_6(\cos^2\theta - \sin^2\theta)\right]$$

・式 (4.30) を代入

$$= \left(c_{13}\cos^2\theta + c_{23}\sin^2\theta - 2c_{36}\sin\theta\cos\theta\right)e_1$$
$$+ \left(c_{13}\sin^2\theta + c_{23}\cos^2\theta + 2c_{36}\sin\theta\cos\theta\right)e_2$$
$$+ c_{33}e_3$$
$$+ (c_{34}\cos\theta + c_{35}\sin\theta)e_4$$
$$+ (-c_{34}\sin\theta + c_{35}\cos\theta)e_5$$
$$+ \left[(c_{13}-c_{23})\sin\theta\cos\theta + c_{36}(\cos^2\theta - \sin^2\theta)\right]e_6.$$

・歪成分 e_i について整理する．

右辺：

$$\sigma_3 = c_{13}e_1 + c_{23}e_2 + c_{33}e_3 + c_{34}e_4 + c_{35}e_5 + c_{36}e_6.$$

・$\sigma_i = c_{ij}e_j$

$\underline{e_1\text{ の係数}}$

$$c_{13}\cos^2\theta + c_{23}\sin^2\theta - 2c_{36}\sin\theta\cos\theta = c_{13}$$
$$(c_{13}-c_{23})\sin^2\theta + c_{36}\sin 2\theta = 0.$$

・$\sin^2\theta = 1-\cos^2\theta$

任意の回転角 θ について，上式が成立するためには

$$\begin{aligned} c_{13} &= c_{23} \\ c_{36} &= 0. \end{aligned} \quad (4.33)$$

$\underline{e_2\text{ の係数}}\quad$ 式 (4.33) と同じ条件を得る．

$\underline{e_3\text{ の係数}}\quad c_{ij}$ に関する条件は得られない．

e_4 の係数

$$c_{34} \cos\theta + c_{35} \sin\theta = c_{34}$$
$$(\cos\theta - 1)c_{34} = -c_{35} \sin\theta.$$
$$\therefore c_{34} = c_{35} = 0 \quad (4.34)$$

e_5 の係数　　式 (4.34) と同じ条件を得る．
e_6 の係数　　式 (4.33) と同じ条件を得る．

以上をまとめると，σ'_3 と σ_3 の成分の比較から，弾性定数の条件として

$$\begin{aligned} c_{13} &= c_{23} \\ c_{34} &= c_{35} = c_{36} = 0 \end{aligned} \quad (4.35)$$

を得る．

次に式 (4.29) の第 1 式を用いて，係数の比較を行う．

左辺：
$$\begin{aligned} \sigma'_1 &= c_{11}e'_1 + c_{12}e'_2 + c_{13}e'_3 + c_{14}e'_4 + c_{15}e'_5 + c_{16}e'_6 \\ &= \left(c_{11}\cos^2\theta + c_{12}\sin^2\theta - 2c_{16}\sin\theta\cos\theta\right)e_1 \\ &\quad + \left(c_{11}\sin^2\theta + c_{12}\cos^2\theta + 2c_{16}\sin\theta\cos\theta\right)e_2 \\ &\quad + c_{13}e_3 + (c_{14}\cos\theta + c_{15}\sin\theta)e_4 \\ &\quad + (-c_{14}\sin\theta + c_{15}\cos\theta)e_5 \\ &\quad + \left[c_{16}(\cos^2\theta - \sin^2\theta) + (c_{11} - c_{12})\sin\theta\cos\theta\right]e_6. \end{aligned}$$
$$(4.36)$$

・式 (4.30) を代入し，整理する．

右辺：
$$\sigma_1 \cos^2\theta + 2\sigma_6 \sin\theta\cos\theta + \sigma_2 \sin^2\theta$$
$$\begin{aligned} &= (c_{11}e_1 + c_{12}e_2 + c_{13}e_3 + c_{14}e_4 + c_{15}e_5 \\ &\quad + c_{16}e_6)\cos^2\theta + 2(c_{16}e_1 + c_{26}e_2 + c_{36}e_3 + c_{46}e_4 \\ &\quad + c_{56}e_5 + c_{66}e_6)\sin\theta\cos\theta + (c_{12}e_1 + c_{22}e_2 \\ &\quad + c_{23}e_3 + c_{24}e_4 + c_{25}e_5 + c_{26}e_6)\sin^2\theta \end{aligned}$$

$$
\begin{aligned}
&= \left(c_{11}\cos^2\theta + 2c_{16}\sin\theta\cos\theta + c_{12}\sin^2\theta\right)e_1 \\
&\quad + \left(c_{12}\cos^2\theta + 2c_{26}\sin\theta\cos\theta + c_{22}\sin^2\theta\right)e_2 \\
&\quad + \left(c_{13}\cos^2\theta + 2c_{36}\sin\theta\cos\theta + c_{23}\sin^2\theta\right)e_3 \\
&\quad + \left(c_{14}\cos^2\theta + 2c_{46}\sin\theta\cos\theta + c_{24}\sin^2\theta\right)e_4 \\
&\quad + \left(c_{15}\cos^2\theta + 2c_{56}\sin\theta\cos\theta + c_{25}\sin^2\theta\right)e_5 \\
&\quad + \left(c_{16}\cos^2\theta + 2c_{66}\sin\theta\cos\theta + c_{26}\sin^2\theta\right)e_6.
\end{aligned} \tag{4.37}
$$

e_1 の係数

$$
c_{11}\cos^2\theta + c_{12}\sin^2\theta - 2c_{16}\sin\theta\cos\theta
$$
$$
= c_{11}\cos^2\theta + 2c_{16}\sin\theta\cos\theta + c_{12}\sin^2\theta
$$
$$
\therefore c_{16} = 0. \tag{4.38}
$$

e_2 の係数

$$
c_{11}\sin^2\theta + c_{12}\cos^2\theta + 2c_{16}\sin\theta\cos\theta
$$
$$
= c_{12}\cos^2\theta + 2c_{26}\sin\theta\cos\theta + c_{22}\sin^2\theta
$$
$$
(c_{11} - c_{22})\sin^2\theta + (2c_{16} - 2c_{26})\sin\theta\cos\theta = 0.
$$

式 (4.38) の関係を考慮すると

$$
\begin{aligned}
c_{11} &= c_{22} \\
c_{16} &= c_{26} = 0.
\end{aligned} \tag{4.39}
$$

e_3 の係数　　式 (4.33) と同じ条件を得る.

e_4 の係数

$$
c_{14}\cos\theta + c_{15}\sin\theta
$$
$$
= c_{14}\cos^2\theta + 2c_{46}\sin\theta\cos\theta + c_{24}\sin^2\theta
$$
$$
c_{14}(\cos\theta - \cos^2\theta) + c_{15}\sin\theta - 2c_{46}\sin\theta\cos\theta
$$
$$
- c_{24}\sin^2\theta = 0
$$
$$
\therefore c_{14} = c_{15} = c_{24} = c_{46} = 0. \tag{4.40}
$$

e_5 の係数

$$-c_{14}\sin\theta + c_{15}\cos\theta$$
$$= c_{15}\cos^2\theta + 2c_{56}\sin\theta\cos\theta + c_{25}\sin^2\theta$$
$$c_{14}\sin\theta + c_{15}(\cos^2\theta - \cos\theta) + 2c_{56}\sin\theta\cos\theta$$
$$+ c_{25}\sin^2\theta = 0$$
$$\therefore c_{14} = c_{15} = c_{25} = c_{56} = 0. \qquad (4.41)$$

e_6 の係数

$$c_{16}\left(\cos^2\theta - \sin^2\theta\right) + (c_{11} - c_{22})\sin\theta\cos\theta$$
$$= c_{16}\cos^2\theta + 2c_{66}\sin\theta\cos\theta + c_{26}\sin^2\theta$$
$$(c_{16} + c_{26})\sin^2\theta + (2c_{66} - c_{11} + c_{12})\sin\theta\cos\theta = 0$$
$$\therefore c_{66} = \frac{1}{2}(c_{11} - c_{12}). \qquad (4.42)$$

・式 (4.39) より
$c_{16} = c_{26} = 0$.

以上をまとめると，新しい条件として

$$c_{11} = c_{22}$$
$$c_{66} = \frac{1}{2}(c_{11} - c_{12})$$
$$c_{14} = c_{15} = c_{16} = 0$$
$$c_{24} = c_{25} = c_{26} = 0$$
$$c_{46} = 0$$
$$c_{56} = 0 \qquad (4.43)$$

を得る．

次に式 (4.29) の第 5 式を用いて，係数の比較を行う．

左辺：
$$\sigma_5' = c_{15}e_1' + c_{25}e_2' + c_{35}e_3' + c_{45}e_4' + c_{55}e_5' + c_{56}e_6'$$
$$= \left(c_{15}\cos^2\theta + c_{25}\sin^2\theta - 2c_{56}\sin\theta\cos\theta\right)e_1$$

・式 (4.30) を代入し，整理する．

$$+ \left(c_{15}\sin^2\theta + c_{25}\cos^2\theta + 2c_{56}\sin\theta\cos\theta\right)e_2$$
$$+ c_{35}e_3$$
$$+ (c_{45}\cos\theta + c_{55}\sin\theta)e_4$$
$$+ (-c_{45}\sin\theta + c_{55}\cos\theta)e_5$$
$$+ \left[(c_{15} - c_{25})\sin\theta\cos\theta + c_{56}\left(\cos^2\theta - \sin^2\theta\right)\right]e_6. \tag{4.44}$$

右辺：

$\sigma_5 \cos\theta + \sigma_4 \sin\theta$

$$= (c_{15}e_1 + c_{25}e_2 + c_{35}e_3 + c_{45}e_4 + c_{55}e_5$$
$$+ c_{56}e_6)\cos\theta + (c_{14}e_1 + c_{24}e_2 + c_{34}e_3 + c_{44}e_4$$
$$+ c_{45}e_5 + c_{46}e_6)\sin\theta$$
$$= (c_{15}\cos\theta + c_{14}\sin\theta)e_1$$
$$+ (c_{25}\cos\theta + c_{24}\sin\theta)e_2$$
$$+ (c_{35}\cos\theta + c_{34}\sin\theta)e_3$$
$$+ (c_{45}\cos\theta + c_{44}\sin\theta)e_4$$
$$+ (c_{55}\cos\theta + c_{45}\sin\theta)e_5$$
$$+ (c_{56}\cos\theta + c_{46}\sin\theta)e_6. \tag{4.45}$$

<u>e_1 の係数</u>　　式 (4.41) と同じ条件を得る．
<u>e_2 の係数</u>　　新しい条件は得られない．
<u>e_3 の係数</u>　　式 (4.34) と同じ条件を得る．
<u>e_4 の係数</u>

$$c_{45}\cos\theta + c_{55}\sin\theta = c_{45}\cos\theta + c_{44}\sin\theta$$
$$c_{44} = c_{55}. \tag{4.46}$$

・$c_{15} = c_{24} = c_{25}$
$= c_{56} = 0$
式 (4.40), (4.41)
に含まれる条件．

e_5 の係数

$$-c_{45}\sin\theta + c_{55}\cos\theta = c_{55}\cos\theta + c_{45}\sin\theta$$
$$\therefore c_{45} = 0. \qquad (4.47)$$

e_6 の係数　　新しい条件は得られない.

式 (4.29) の第 2, 4, 6 式の応力成分の比較からは弾性定数に関する新しい条件は得られない.

以上をまとめると

$$c_{14} = c_{15} = c_{16} = 0$$
$$c_{24} = c_{25} = c_{26} = 0$$
$$c_{34} = c_{35} = c_{36} = 0$$
$$c_{45} = c_{46} = 0$$
$$c_{56} = 0$$
$$c_{11} = c_{22}$$
$$c_{44} = c_{55}$$
$$c_{13} = c_{23}$$
$$c_{66} = \frac{1}{2}(c_{11} - c_{12})$$

・$c_{15} = c_{25} = c_{46}$
$= c_{56} = 0$
式 (4.40), (4.41)
に含まれる条件.

となる. したがって, 弾性定数 c_{ij} は

$$[c_{ij}] = \begin{pmatrix} c_{11} & c_{12} & c_{13} & 0 & 0 & 0 \\ c_{12} & c_{11} & c_{13} & 0 & 0 & 0 \\ c_{13} & c_{13} & c_{33} & 0 & 0 & 0 \\ 0 & 0 & 0 & c_{44} & 0 & 0 \\ 0 & 0 & 0 & 0 & c_{44} & 0 \\ 0 & 0 & 0 & 0 & 0 & \frac{1}{2}(c_{11} - c_{12}) \end{pmatrix}$$
(4.48)

となり, 独立な弾性定数は 5 つであることがわかる.

例題 19　直交する 2 つの軸の周りに回転対称な場合

例題 18 で考えた z 軸に関する回転対称に加え，x 軸に関しても回転対称である場合，弾性定数がいくつになるか求めよ．

考え方

直交する 2 軸に対して回転対称であれば，それらに直交する残る 1 軸に対しても対称となるので，例題 18 と本例題を解くことにより，等方弾性体の弾性定数を求めることができる．

x 軸の周りの座標変換に関する変換行列 M は

$$M = \begin{pmatrix} 1 & 0 & 0 \\ 0 & \cos\theta & \sin\theta \\ 0 & -\sin\theta & \cos\theta \end{pmatrix}$$

と書ける．座標変換前の座標，応力，歪をそれぞれ x_i, σ_{ij}, e_{ij}, 座標変換後の座標，応力，歪をそれぞれ x'_i, σ'_{ij}, e'_{ij} とすると，変換前後の座標系の間には

$$\begin{pmatrix} x' \\ y' \\ z' \end{pmatrix} = \begin{pmatrix} 1 & 0 & 0 \\ 0 & \cos\theta & \sin\theta \\ 0 & -\sin\theta & \cos\theta \end{pmatrix} \begin{pmatrix} x \\ y \\ z \end{pmatrix}$$

の関係が成立する．この変換行列 M により 2 階のテンソル T の成分は，以下の変換を受ける．

$$[T'] = [M][T][M]^T.$$

よって，応力テンソルの成分の座標変換は次のようになる．

$$\begin{pmatrix} \sigma'_{xx} & \sigma'_{xy} & \sigma'_{xz} \\ \sigma'_{yx} & \sigma'_{yy} & \sigma'_{yz} \\ \sigma'_{zx} & \sigma'_{yz} & \sigma'_{zz} \end{pmatrix} = \begin{pmatrix} 1 & 0 & 0 \\ 0 & \cos\theta & \sin\theta \\ 0 & -\sin\theta & \cos\theta \end{pmatrix}$$

$$\begin{pmatrix} \sigma_{xx} & \sigma_{xy} & \sigma_{xz} \\ \sigma_{yx} & \sigma_{yy} & \sigma_{yz} \\ \sigma_{zx} & \sigma_{yz} & \sigma_{zz} \end{pmatrix} \begin{pmatrix} 1 & 0 & 0 \\ 0 & \cos\theta & -\sin\theta \\ 0 & \sin\theta & \cos\theta \end{pmatrix}.$$

上式を整理すると座標変換後の応力成分は，

$$\begin{aligned}
\sigma'_{xx} &= \sigma_{xx} \\
\sigma'_{yy} &= \sigma_{yy}\cos^2\theta + 2\sigma_{yz}\sin\theta\cos\theta + \sigma_{zz}\sin^2\theta \\
\sigma'_{zz} &= \sigma_{yy}\sin^2\theta - 2\sigma_{yz}\sin\theta\cos\theta + \sigma_{zz}\cos^2\theta \\
\sigma'_{yz} &= (\sigma_{zz} - \sigma_{yy})\sin\theta\cos\theta + \sigma_{yz}(\cos^2\theta - \sin^2\theta) \\
\sigma'_{zx} &= -\sigma_{xy}\sin\theta + \sigma_{xz}\cos\theta \\
\sigma'_{xy} &= \sigma_{xy}\cos\theta + \sigma_{xz}\sin\theta
\end{aligned} \quad (4.49)$$

となる．

同様にして座標変換後の歪成分を求め，例題18と同じ方法で弾性定数を減らすことができる．しかしながら，例題18をみるとわかるようにその導出過程の計算は非常に煩雑である．そこで，例題17(b)と同様にして，問題の対称性から指標の入れ替えを行うことで弾性定数の条件を求めていく．

比較すべき式は例題18の式(4.26)と例題19の式(4.49)であり，以下のような指標の入れ替えを行うことで同一の式になることがわかる．

例題18におけるフォークト表記	1	2	3	4	5	6
例題18における真の指標	xx	yy	zz	yz	zx	xy
	↓	↓	↓	↓	↓	↓
例題19における真の指標	yy	zz	xx	zx	xy	yz
例題19におけるフォークト表記	2	3	1	5	6	4

90　4　フックの法則と弾性定数

したがって，例題 18 の結果に対して上記の指標の入れ替えを行い，c_{ij} の対称性を考えることで解を求めることができる．

‖解答‖

例題 18 の解　　　　　　例題 19 の場合

$c_{14} = c_{15} = c_{16} = 0$　　　$c_{25} = c_{26} = c_{24} = 0$

$c_{24} = c_{25} = c_{26} = 0$　　　$c_{35} = c_{36} = c_{34} = 0$

$c_{34} = c_{35} = c_{36} = 0$　　　$c_{15} = c_{16} = c_{14} = 0$

$c_{45} = c_{46} = 0$　　　　　$c_{45} = c_{56} = 0$

$c_{56} = 0$　　$\Longrightarrow$　　$c_{46} = 0$

$c_{11} = c_{22}$　　　　　　　$c_{22} = c_{33}$

$c_{44} = c_{55}$　　　　　　　$c_{55} = c_{66}$

$c_{13} = c_{23}$　　　　　　　$c_{12} = c_{13}$

$c_{66} = \dfrac{1}{2}(c_{11} - c_{12})$　　$c_{44} = \dfrac{1}{2}(c_{22} - c_{23})$

よって，x 軸の周りに回転対称な場合の弾性定数は

$$[c_{ij}] = \begin{pmatrix} c_{11} & c_{12} & c_{12} & 0 & 0 & 0 \\ c_{12} & c_{22} & c_{23} & 0 & 0 & 0 \\ c_{12} & c_{23} & c_{22} & 0 & 0 & 0 \\ 0 & 0 & 0 & \frac{1}{2}(c_{22} - c_{23}) & 0 & 0 \\ 0 & 0 & 0 & 0 & c_{55} & 0 \\ 0 & 0 & 0 & 0 & 0 & c_{55} \end{pmatrix} \quad (4.50)$$

となり，独立な定数は 5 つである．

したがって，z 軸に加え，x 軸の周りに回転対称な場合の弾性定数は，例題 18 の式 (4.48) と式 (4.50) より，

ワンポイント解説

$$c_{11} = c_{22} = c_{33}$$
$$c_{12} = c_{13} = c_{23}$$
$$c_{44} = c_{55} = c_{66} = \frac{1}{2}(c_{11} - c_{12})$$

となる．ここで，

$$\begin{aligned} c_{12} &= c_{13} = c_{23} = \lambda \\ c_{44} &= c_{55} = c_{66} = \frac{1}{2}(c_{11} - c_{12}) = \mu \end{aligned} \quad (4.51)$$

とおくと $c_{11} = \lambda + 2\mu$ となる．したがって，2つの軸の周りに回転対称な場合の弾性定数は

$$[c_{ij}] = \begin{pmatrix} \lambda + 2\mu & \lambda & \lambda & 0 & 0 & 0 \\ \lambda & \lambda + 2\mu & \lambda & 0 & 0 & 0 \\ \lambda & \lambda & \lambda + 2\mu & 0 & 0 & 0 \\ 0 & 0 & 0 & \mu & 0 & 0 \\ 0 & 0 & 0 & 0 & \mu & 0 \\ 0 & 0 & 0 & 0 & 0 & \mu \end{pmatrix} \quad (4.52)$$

となる．なお，2つの軸の周りに回転対称な場合には，残りの1つの軸に対しても回転対称になるので，式 (4.52) は直交する3つの軸の周りに回転対称な場合の弾性定数となる．直交する3つの軸の周りに回転対称な弾性体を等方弾性体という．等方弾性体の弾性定数は式 (4.51) で定義される λ, μ の2つとなる．λ, μ をラメの定数という．

> μ はせん断変形のしにくさを表す「剛性率」に対応する (例題22). λ には物理的な意味は与えられていない．

例題20 ヤング率とポアソン比

x 軸に平行な細長い棒に x 軸に平行に力が加えられている．断面は一様で単位面積当り張力 T が働いているとき，棒内部の歪成分を求めよ．なお，棒は均質等方弾性体であり，棒の自重は無視できるものとする．

考え方

均質等方弾性体の棒をある方向に引っ張った場合の変形を考える．変形により棒は張力軸方向に伸び，それと直交する方向に縮むことが予想されるが，伸びや縮みの割合は棒の弾性的性質により異なるであろう．本例題では弾性体の変形を表す物理量であるヤング率とポアソン比について，その導出過程と物理的意味を学習する．

x 軸方向にのみ力が加えられているので，σ_{xx} 以外の成分は 0 となる．つまり，棒内部の応力は

$$\sigma_{xx} = T$$
$$\sigma_{ij} = 0 \quad (\text{上記以外}) \tag{4.53}$$

となる．この応力を歪と応力の関係式 (4.7) に代入し，歪成分を求めればよい．

図 4.5: 一軸引張とヤング率，ポアソン比．

解答

式 (4.53) で与えられる応力成分は平衡方程式

$$\sigma_{ji,j} + F_i = 0$$

を満足していることがわかる．式 (4.7) で示される歪と応力の関係式

ワンポイント解説

・応力成分が平衡方程式を満足するかどうかを必ず確認すること．

$$e_{ij} = \frac{-\lambda \delta_{ij}}{2\mu(3\lambda + 2\mu)}\sigma_{kk} + \frac{1}{2\mu}\sigma_{ij}$$

より，

$$\begin{aligned}
e_{xx} &= \frac{-\lambda T}{2\mu(3\lambda + 2\mu)} + \frac{1}{2\mu}T \\
&= \frac{\lambda + \mu}{\mu(3\lambda + 2\mu)}T \\
e_{yy} &= \frac{-\lambda T}{2\mu(3\lambda + 2\mu)} \\
e_{zz} &= \frac{-\lambda T}{2\mu(3\lambda + 2\mu)} \\
e_{yz} &= 0 \\
e_{zx} &= 0 \\
e_{xy} &= 0
\end{aligned} \tag{4.54}$$

- この問題では外力が0，つまり，$F_i = 0$ である．
- $\sigma_{xx} = T$
- $\sigma_{yy} = \sigma_{zz} = 0$
- $\sigma_{kk} = \sigma_{xx} + \sigma_{yy} + \sigma_{zz} = T$
- $\delta_{ij} = \begin{cases} 1 & (i = j) \\ 0 & (i \neq j) \end{cases}$

が得られる．

式 (4.54) はラメの定数を用いているため，応力と歪の関係がわかりにくい．そこで，以下で定義される新しい定数 ν, E を導入する．

$$\nu = \frac{\lambda}{2(\lambda + \mu)}$$
$$E = \frac{\mu(3\lambda + 2\mu)}{\lambda + \mu}.$$

ν, E を式 (4.54) に代入すると，歪と応力の関係は

$$e_{xx} = \frac{1}{E}T \tag{4.55}$$

$$e_{yy} = e_{zz} = -\frac{\nu}{E}T = -\nu e_{xx} \tag{4.56}$$

$$e_{yz} = e_{zx} = e_{xy} = 0 \tag{4.57}$$

となる．また，ν, E は応力と歪を用いて

$$E = \frac{T}{e_{xx}} \tag{4.58}$$

$$\nu = -\frac{e_{yy}}{e_{xx}} = -\frac{e_{zz}}{e_{xx}} \tag{4.59}$$

$$= -\frac{Ee_{yy}}{T} = -\frac{Ee_{zz}}{T} \tag{4.60}$$

と書ける．

式 (4.58) からわかるように，E は単位面積当りの張力 T と張力軸方向の歪 e_{xx} との比を表す定数である．一方で，式 (4.59) からわかるように，ν は張力軸方向の歪 e_{xx} と張力軸に直交する方向の歪（e_{yy} または e_{zz}）との比である．E をヤング率，ν をポアソン比とよぶ．

一般的に，$\sigma_{xx} > 0$（張力）の場合には，x 軸方向には伸び，y, z 軸方向には縮みを生じるので，

$$e_{xx} > 0$$
$$e_{yy} = e_{zz} < 0$$

となるはずである．よって，

$$E > 0$$
$$\nu > 0 \tag{4.61}$$

である．λ, μ を E, ν を用いて表すと

$$\lambda = \frac{E\nu}{(1+\nu)(1-2\nu)}$$
$$\mu = \frac{E}{2(1+\nu)}$$

となる．

・ヤング率が大きいほど張力方向に伸びにくい物体となる．

・ポアソン比は金属材料では 0.30-0.35，岩石では 0.25 前後である場合が多い．

・歪エネルギーを用いると $E > 0$ が数学的に導ける（例題 28）．

・一般の媒質ではポアソン比は正と考えてよいが，ポアソン比が負になる媒質も知られている．理論的には $-1 < \nu < \frac{1}{2}$ となる（例題 28）．

例題 21　歪の重ね合わせ

等方弾性体の応力と歪の関係

$$e_{ij} = \frac{1+\nu}{E}\sigma_{ij} - \frac{\nu}{E}\delta_{ij}\sigma_{kk} \tag{4.62}$$

を用いて，e_{xx}，e_{yy}，e_{zz} を求めよ．ここで，ν はポアソン比，E はヤング率，δ_{ij} はクロネッカーのデルタである．

考え方

$$\sigma_{kk} = \sigma_{xx} + \sigma_{yy} + \sigma_{zz} \tag{4.63}$$

であることに注意すれば，e_{xx}，e_{yy}，e_{zz} は簡単に求めることができる．ここでは，得られた結果のもつ変形のイメージを図を用いて考え，ヤング率とポアソン比を通して歪の意味を学ぶ．

解答

式 (4.62) より以下の式が得られる．

$$\begin{aligned}e_{xx} &= \frac{1+\nu}{E}\sigma_{xx} - \frac{\nu}{E}(\sigma_{xx} + \sigma_{yy} + \sigma_{zz}) \\ &= \frac{1}{E}\left(\sigma_{xx} - \nu(\sigma_{yy} + \sigma_{zz})\right)\end{aligned} \tag{4.64}$$

$$e_{yy} = \frac{1}{E}\left(\sigma_{yy} - \nu(\sigma_{zz} + \sigma_{xx})\right) \tag{4.65}$$

$$e_{zz} = \frac{1}{E}\left(\sigma_{zz} - \nu(\sigma_{xx} + \sigma_{yy})\right). \tag{4.66}$$

上式をみると，3つの式はともに同じ形をしていることがわかる．式 (4.64) を例に，右辺を分解して，その意味を考えてみる．

$$e_{xx} = \frac{1}{E}\sigma_{xx} - \frac{\nu}{E}\sigma_{yy} - \frac{\nu}{E}\sigma_{zz}. \tag{4.67}$$

式 (4.67) は x 軸方向の縦歪であり，右辺第一項は σ_{xx} により生じる歪，第二項は σ_{yy} により生じる歪，第三項は σ_{zz} により生じる歪を表している．つまり，式

ワンポイント解説

(4.67) は 3 方向の法線応力によって生じる x 軸方向の縦歪の重ね合わせを表していることがわかる（図 4.6）.

$$e_{xx} = \frac{1}{E}\sigma_{xx} \qquad e_{xx} = -\frac{\nu}{E}\sigma_{yy} \qquad e_{xx} = -\frac{\nu}{E}\sigma_{zz}$$

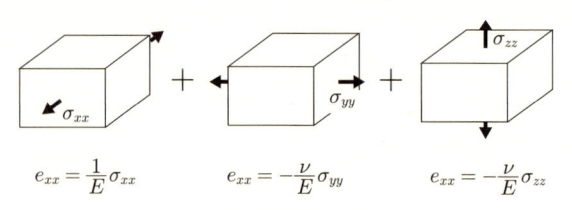

図 4.6: x 軸方向の縦歪の重ね合わせ.

微小変形に対する弾性体の関係式は線形であるため，変形に関する問題には重ね合わせの原理が適用できる．つまり，複雑な変形を扱う際には，その変形を単純な変形の重ね合わせとして表現できる．

大変形も表現できるグリーンの歪テンソル（式 (2.5)）は，変位の空間微分の 2 次項を含むので，線形関係は成立せず，重ね合わせの原理が適用できない．

例題 22　剛性率

均質等方弾性体に以下の応力が生じたときの歪を求めよ．

$$\sigma_{xy} = \sigma_{yx} = T$$

$$\sigma_{ij} = 0 \ (\text{上記以外}).$$

考え方

例題 20 では一軸引張に対する弾性体の変形を定式化したが，本例題ではせん断変形に対して，弾性体がどのようにふるまうかを学ぶ．簡単のために 2 次元面内でのせん断変形を考えていく．

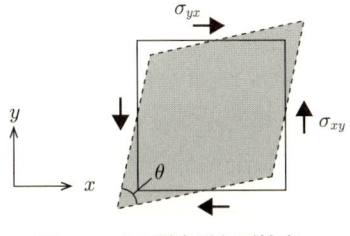

図 4.7: せん断変形と剛性率．

例題 20 と同様に，$\sigma_{xy} = T$ を応力と歪の関係式 (4.7) に代入して，歪成分を求めればよい．

解答

本例題の応力成分は平衡方程式を満足している．歪と応力の関係式 (4.7)

$$e_{ij} = \frac{-\lambda \delta_{ij}}{2\mu(3\lambda + 2\mu)} \sigma_{kk} + \frac{1}{2\mu} \sigma_{ij}$$

より

$$e_{xx} = 0$$
$$e_{yy} = 0$$
$$e_{zz} = 0$$
$$e_{yz} = 0$$
$$e_{zx} = 0$$
$$e_{xy} = \frac{1}{2\mu} T$$

ワンポイント解説

- σ_{kk}
  $= \sigma_{xx} + \sigma_{yy} + \sigma_{zz}$
  $= 0$
- $\delta_{ij} = 1 \ (i = j)$
  $\delta_{ij} = 0 \ (i \neq j)$

・(例)
$e_{xx} =$
$\dfrac{-\lambda \delta_{xx}}{2\mu(3\lambda + 2\mu)}$
$\times (\sigma_{xx} + \sigma_{yy} + \sigma_{zz})$
$+ \dfrac{1}{2\mu} \sigma_{xx} = 0$

を得る．よって，

$$\mu = \frac{T}{2e_{xy}}$$

となる．

　T はせん断応力であり，$2e_{xy}$ はせん断応力によって生じた角度の変化なので，μ はせん断応力とそれによって生じた角度の変化の比を表す．図 4.7 の角度 θ は，$\theta = 90° - 2e_{xy} = 90° - \dfrac{T}{\mu}$ となる．

　μ はラメの定数の 1 つであり，せん断変形のしにくさを表す定数である．μ は剛性率とよばれ，せん断弾性係数，ずれ弾性係数，横弾性係数とよばれることもある．

・剛性率 μ が大きい物体はせん断変形を受けにくい．

・$\mu \to \infty$ のとき $\theta = 90°$ なので，物体はせん断変形しない．

コラム

剛性率と地震の規模：地震は断層におけるせん断破壊であり，地震で放出されるエネルギーは地震モーメントで表される．地震モーメント M_0 は，剛性率を μ，断層面積を S，平均すべり量を D とすると，$M_0 = \mu DS$ と表せる．つまり，面積と平均すべり量が同じ断層であっても，剛性率が大きい場合には，大きなエネルギーが放出されることになる．地震のエネルギーであるモーメントと地震の大きさを示すモーメントマグニチュード（Mw）の間には，$\log M_0 = 1.5\,Mw + 9.1$ の関係があることが経験的に知られている．Mw が 2 大きくなると地震モーメントは 1000 倍大きくなる．地震の大きさを表すマグニチュードは，その決定方法によりいくつかの種類があるが，現在では東北地方太平洋沖地震のような巨大地震でもその大きさを正確に表現できる Mw が広く用いられている．これまでに観測された最大の地震は 1960 年のチリ地震（Mw 9.5）である．

例題 23 体積弾性率

表面に一様な静水圧 P が加わっている均質等方弾性体内の歪成分を求めよ．

考え方

本例題では等方的な外力場（膨張場または圧縮場）に置かれた弾性体の変形を扱う．例題 20, 22 と同様に，等方弾性体の変形に関する基本問題である．適用例としては，深海底（>大気圧）や宇宙空間（<大気圧）での物質の変形などがある．

静水圧の中に置かれた微小な立方体を考える．引張力を正とすると，立方体の各面には $-P$ の法線応力が生じていることになる．

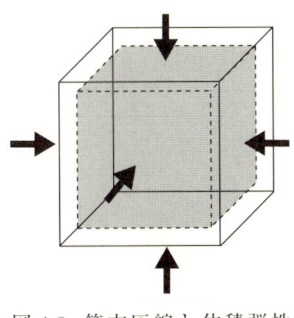

図 4.8: 等方圧縮と体積弾性率．

水中ではせん断応力が生じないので静水圧中の弾性体に生じる応力は，

$$\sigma_{xx} = \sigma_{yy} = \sigma_{zz} = -P \quad （法線応力）$$
$$\sigma_{yz} = \sigma_{zx} = \sigma_{xy} = 0 \quad （せん断応力）$$

である．これらの応力成分を式 (4.7) に代入し，歪成分を求めればよい．

解答

本例題の応力成分は平衡方程式を満足している．歪と応力の関係式 (4.7)

$$e_{ij} = \frac{-\lambda \delta_{ij}}{2\mu(3\lambda + 2\mu)} \sigma_{kk} + \frac{1}{2\mu} \sigma_{ij}$$

より

ワンポイント解説

- σ_{kk}
$= \sigma_{xx} + \sigma_{yy} + \sigma_{zz}$
$= -3P$

$$e_{xx} = -\frac{P}{3\lambda + 2\mu}$$

$$e_{yy} = -\frac{P}{3\lambda + 2\mu}$$

$$e_{zz} = -\frac{P}{3\lambda + 2\mu}$$

$$e_{yz} = 0$$

$$e_{zx} = 0$$

$$e_{xy} = 0$$

・e_{xx}
$= \dfrac{-\lambda(-3P)}{2\mu(3\lambda + 2\mu)}$
$+ \dfrac{-P}{2\mu}$
$= -\dfrac{P}{3\lambda + 2\mu}$

が得られる．

ここで体積歪（$\theta = e_{xx} + e_{yy} + e_{zz}$）を考えると，

$$\theta = -\frac{3P}{3\lambda + 2\mu} = -\frac{P}{\lambda + \dfrac{2}{3}\mu}$$

・等方的な外力場なので体積変化を考えることで弾性体の変形を表現できる．

であり，$K = \lambda + \dfrac{2}{3}\mu$ とおくと

$$K = -\frac{P}{\theta}$$

となる．つまり，K は静水圧と体積歪の比であり，物体の圧縮されにくさを表す量となる．この K を体積弾性率とよぶ．

体積弾性率 K はヤング率 E とポアソン比 ν を用いて

$$K = \frac{E}{3(1-2\nu)}$$

・体積弾性率の逆数を圧縮率という．

と書ける．一般の等方弾性体では，圧縮により縮みが生じるので，$K > 0$ となる．したがって，ν のとり得る範囲は，式 (4.61) も合わせて考えると

$$0 < \nu < \frac{1}{2}$$

となる．なお，$\lambda = \mu$ のとき，$\nu = \dfrac{1}{4}$，$E = \dfrac{3}{2}K$ となる．

・$\lambda = \mu$ の仮定は地震学でよく使われる．

第5章で学ぶ歪エネルギーの関係を用いると，ポアソン比の範囲は理論的には

$$-1 < \nu < \frac{1}{2}$$

となる（例題28）．一般の媒質では $\nu > 0$ と考えてよいが，ポアソン比が負の物質も知られている．

コラム

地球潮汐と地震：月や太陽の引力により，地球上の海水は毎日干満を繰り返している．この起潮力は地球の内部にも作用し，固体地球の弾性変形をもたらしている．固体地球の変化の振幅は場所によって異なるが，地球の表面では一日に2回，平均で 20 cm 程度の上下変動が生じている．地球潮汐による地球の体積歪変化は 10^{-8} 程度と非常に小さいが，地球内部の変形により断層面では絶えず応力のゆらぎが生じている．地球潮汐による応力のゆらぎは地震を起こす応力の1000分の1程度にすぎないが，断層にたまっている歪エネルギーが限界に達している場合には，地球潮汐によるせん断応力の増加，または法線応力の減少が最後のひと押しになり，地震が発生することが知られている．

例題 24　弾性体の変形 1

次の問いに答えよ．

(a) 長さ 1 m，半径 1 cm の銅線を 100 N の力で引っ張ったときの銅線の伸びを求めよ．銅線のヤング率は 130 GPa とする．

(b) ヤング率 80 GPa，ポアソン比 0.23 のガラス球（半径 20 cm）を水深 10,000 m の海底に沈めたときの体積変化を求めよ．なお，海底での水圧は 10^8 Pa としてよい．

考え方

本例題ではヤング率，ポアソン比，体積弾性率を用いて，実際の物質の変形の度合いを求めてみる．

(a) ある軸方向の応力 σ と歪 e の関係はヤング率 E を用いて

$$E = \frac{\sigma}{e}$$

と表せる．このとき，長さ l の弾性体の伸びは le と表せる．

(b) 静水圧 P の中の球が受ける単位体積当りの体積変化（体積歪）は

$$\frac{\Delta V}{V} = -\frac{P}{K}$$

と表せる．ここで，K は体積弾性率である．K はヤング率 E とポアソン比 ν を用いて，$K = \dfrac{E}{3(1-2\nu)}$ と書ける．

解答

(a) 銅線の長さを l，半径を r，断面積を A とする．また，引張力を F，引張軸方向の応力を σ，歪を e とし，ヤング率を E とする．

このとき，

$$\sigma = \frac{F}{A}, \quad e = \frac{\sigma}{E}$$

と表せる．

変形による銅線の伸びを Δl とすると

$$\Delta l = le$$

ワンポイント解説

・（応力）
　＝（力）÷（面積）
・式 (4.55) より

と書けるので,
$$\Delta l = \frac{Fl}{EA} = \frac{Fl}{E \cdot \pi r^2}$$
となる. よって, 銅線の伸びは,
$$\Delta l = \frac{100 \times 1}{(130 \times 10^9) \times \pi \times (1 \times 10^{-2})^2}$$
$$= 2.4 \times 10^{-6} \text{ m}$$

・$A = \pi r^2$
 $r = 1.0$ cm
   $= 1 \times 10^{-2}$ m
・単位に注意
 G (ギガ) は 10^9

となる.

(b) ヤング率を E, ポアソン比 ν, 体積弾性率を K, 静水圧を P とする. 体積歪 θ は,
$$\theta = \frac{\Delta V}{V} = -\frac{P}{K} = -P\frac{3(1-2\nu)}{E}$$
$$= -10^8 \times \frac{3(1-2 \times 0.23)}{80 \times 10^9}$$
$$= -2.03 \times 10^{-3}$$
$$\therefore \Delta V = \theta \cdot V = -6.8 \times 10^{-5} \text{ m}^3.$$

・$V = \frac{4}{3}\pi r^3$
   $= \frac{4}{3} \times \pi \times 0.2^3$

体積変化 ΔV が負なので, ガラス球の体積は減少し, ガラス玉が少しだけ縮む.

コラム

海底での地震・地殻変動観測：この例題は海底観測で用いている海底地震計システムをイメージしている. 海底観測では, 地震計・電源・収録装置を入れたガラス製 (半径約 20 cm) の球形の耐圧容器を海底面に設置し, 数ヵ月から 1 年程度観測が行われる. 観測終了後に耐圧容器が回収され, 収録された地震波形の解析が行われる. 現在は水深 5500～6000 m までであれば安定して観測することができる. 海底においては地殻変動観測も行われており, 海底面の動きを年間 1～2 cm の精度で測定可能である. なお, 電波は海水中を伝わらないため, 海上船舶と海底機器の通信には音波が使われている.

例題 25 弾性体の変形 2

半径 a,長さ l の均質等方弾性体の円柱を長さ方向に Δl だけ縮めた.この変形により円柱の体積が変化しない場合のポアソン比を求めよ.なお,変形は微小であり,円柱の自重は無視できるのもとする.

考え方

本例題では変形による円柱の体積変化を通して,ポアソン比の意味を考えてみる.この問題では円柱の大きさや変化量の具体的な数値は与えられていないが,これまで学んできた弾性体の変形に関する重要なポイントを多く含んでいる.実際の変形をイメージしながら問題を解いてほしい.

円柱を長さ方向に縮めたので,円柱の半径は大きくなると考えられる.まず,Δl だけ縮めたことによる半径の変化 Δa を求め,次いで,その半径の変化による体積変化を求めていく.

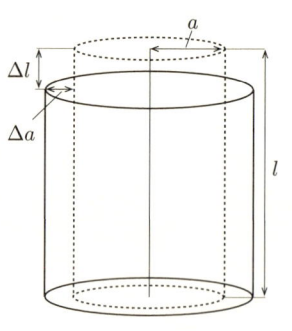

図 4.9: 円柱の変形.

解答

ポアソン比を ν とする.長さ方向の歪は $-\dfrac{\Delta l}{l}$,半径方向の歪は $\dfrac{\Delta a}{a}$ なので,$\nu = -\dfrac{\Delta a/a}{-\Delta l/l}$ より,

$$\Delta a = \nu a \frac{\Delta l}{l} \tag{4.68}$$

となる.変形前の体積は

$$V_0 = \pi a^2 l$$

であり,変形後の体積は

$$V = \pi (a+\Delta a)^2 (l-\Delta l)$$

ワンポイント解説

・引張を正とする
・式 (4.59)

・変形により,円柱の半径は $a+\Delta a$,長さは $l-\Delta l$ になる.

なので，変形による体積変化 ΔV は

$$\begin{aligned}\Delta V &= V - V_0 \\ &= \pi(-a^2 \Delta l + 2al\Delta a - 2a\Delta l\Delta a \\ &\qquad + \Delta a^2 l - \Delta a^2 \Delta l) \\ &\approx \pi a(2l\Delta a - a\Delta l) \\ &= \pi a\left(2l\nu a \frac{\Delta l}{l} - a\Delta l\right) \\ &= \pi a^2(2\nu - 1)\Delta l.\end{aligned}$$

・2次以上の項を無視．

・式 (4.68) を代入．

よって，$\Delta V = 0$ となるのは，$\nu = 0.5$ のときである．つまり，ポアソン比が 0.5 の場合，等方弾性体では変形による体積変化は生じない．一方で，式 (4.9) より，ポアソン比が 0.5 のとき，$\mu = 0$ となることがわかる．このことは，せん断応力に対して抵抗しない（すなわち，$\mu = 0$ となる）流体のような媒質の場合，変形により体積変化が生じないことを示している．

・$\nu = 0$ のとき，μ や E が 0 になってしまうため，以降は仮想的な媒質の問題として考える．

なお，式変形の際に微小変形の近似（2 次以上の項を無視）を用いていることに注意する．つまり，ポアソン比が 0.5 で体積変化が生じないのは微小変形のときのみである．

たとえば，一辺が 1 cm の均質等方弾性体でできた立方体を x 軸方向に引っ張り，辺の長さを a に伸ばした場合を考える．この変形により体積が変化しないためには，y 軸と z 軸方向の辺の長さはそれぞれ $\sqrt{\dfrac{1}{a}}$ だけ縮まなくてはいけない．そのとき，各軸方向の歪は

$$e_{xx} = \frac{a-1}{1} = a - 1$$

$$e_{yy} = e_{zz} = -\frac{1 - \sqrt{\dfrac{1}{a}}}{1} = -1 + \sqrt{\frac{1}{a}}$$

であり，この場合のポアソン比を求めると

$$\nu = -\frac{e_{yy}}{e_{xx}} = -\frac{e_{zz}}{e_{xx}} = \frac{1-\sqrt{\frac{1}{a}}}{a-1}$$

となる．x軸方向の歪 $e_{xx}(=a-1)$ とポアソン比の関係は図 4.10 のようになる．体積一定のとき，ポアソン比が 0.5 になるのは歪が極めて小さいときのみであることがわかる．

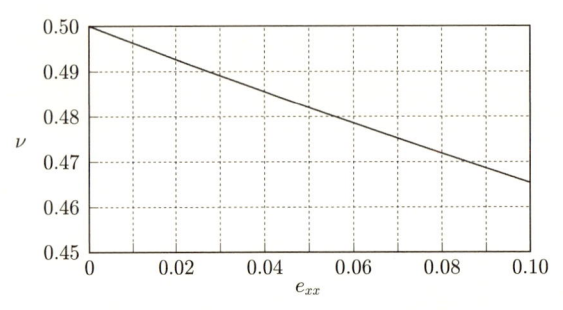

図 4.10: 体積一定のときの歪とポアソン比の関係.

第4章の発展問題

4-1. 等方弾性体の弾性定数は λ, μ の2つで表すことができ，応力と歪の関係は次のようになる．

$$\sigma_{ij} = \lambda \delta_{ij} e_{kk} + 2\mu e_{ij}.$$

このとき，歪を応力で表せ．また，ポアソン比 ν とヤング率 E を用いて，歪と応力の関係を書き直せ．

4-2. 例題20において，x 軸方向と平行に力が加えられたときに，x 軸と直交する方向（y 軸，z 軸方向）に変形しないように棒が固定されている場合を考える．このとき，x 軸方向の張力 T と歪の関係を導き，みかけのヤング率を求めよ．また，みかけのヤング率は例題20で求めたヤング率よりも大きいことを示せ．

4-3. 長さ l で断面が円形で一様な細長い棒が水平な台の上に鉛直に立っている．棒の自重により，棒に生じる応力，歪，変位を求めよ．なお，この棒は均質等方弾性体であり，密度を ρ，ヤング率を E，ポアソン比を ν とする．

4-4. 均質等方弾性体でできた内半径 r で断面が一様な中空の円筒を考える．この円筒の両端を引っ張ったところ，円筒の長さが Δl だけ伸び，中空部分の体積が ΔV だけ増加した．このとき，円筒のポアソン比を求めよ．

重要度
★★★

5 弾性体の基礎方程式と歪エネルギー

―《 はじめに 》―

　本章では等方弾性体の基礎方程式をおさらいする（はじめて出てくる式の導出は本章の発展問題を参考にすること）．基礎方程式はラメの定数を用いた表記とポアソン比，ヤング率，剛性率，体積弾性率を用いた表記があり，目的によってそれらを使い分けることが望ましい．さらに弾性波動論の基礎となる運動方程式と数値計算の基礎となる歪エネルギーについても簡単に触れ，それらの物理的意味を考える．

―《 等方弾性体の基礎方程式 》―

(1) 平衡方程式

$$\sigma_{ji,j} + F_i = 0 \tag{5.1}$$

(2) 応力と歪の関係式

$$\sigma_{ij} = \lambda \delta_{ij} e_{kk} + 2\mu e_{ij} \tag{5.2}$$

$$\sigma_{ij} = \frac{E}{1+\nu}\left(\frac{\nu}{1-2\nu}\delta_{ij}e_{kk} + e_{ij}\right) \tag{5.3}$$

$$e_{ij} = \frac{-\lambda \delta_{ij}}{2\mu(3\lambda+2\mu)}\sigma_{kk} + \frac{1}{2\mu}\sigma_{ij} \tag{5.4}$$

$$e_{ij} = \frac{1+\nu}{E}\sigma_{ij} - \frac{\nu}{E}\delta_{ij}\sigma_{kk} \tag{5.5}$$

(3) 変位と歪の関係式
$$e_{ij} = \frac{1}{2}(u_{i,j} + u_{j,i}) \tag{5.6}$$

(4) コーシーの関係式
$$T_i^n = \sigma_{ji} n_j \tag{5.7}$$

(5) 歪の適合方程式
$$e_{ij,kl} + e_{kl,ij} - e_{ik,jl} - e_{jl,ik} = 0 \tag{5.8}$$

ただし,独立な式は式 (2.20)〜(2.25) に示す 6 つである.

(6) 変位による平衡方程式(ナビエの式)
$$\mu \nabla^2 u_i + (\lambda + \mu) u_{j,ij} + F_i = 0 \tag{5.9}$$

(7) 応力の適合方程式(ベルトラミ・ミッチェルの適合方程式)
$$\nabla^2 \sigma_{ij} + \frac{1}{1+\nu} \sigma_{kk,ij} = -\frac{\nu}{1-\nu} \delta_{ij} F_{k,k} - (F_{i,j} + F_{j,i}) \tag{5.10}$$

式 (5.1),(5.2),(5.6) はいずれも線形であるので,弾性体の諸問題には重ね合わせの原理が適用できる.すなわち,ある体積力 $F_i^{(1)}$ が与えられたときの解が $\sigma_{ij}^{(1)}$ と $e_{ij}^{(1)}$,体積力 $F_i^{(2)}$ が与えられたときの解が $\sigma_{ij}^{(2)}$ と $e_{ij}^{(2)}$ の場合には,2 つの体積力の和 $F_i^{(1)} + F_i^{(2)}$ が与えられたときの解は $\sigma_{ij}^{(1)} + \sigma_{ij}^{(2)}$ と $e_{ij}^{(1)} + e_{ij}^{(2)}$ となる.このような線形関係は弾性体の変形の問題を解く際には極めて有効である.

弾性体力学では与えられた境界条件(体積力,表面力,表面での変位など)のもとで,弾性体内部の応力,歪,変位分布を求める問題が多い.求めるべき未知数は応力 6 成分,歪 6 成分,変位 3 成分の計 15 成分,方程式の数は応力の平衡方程式が 3 つ,歪と変位の関係式が 6 つ,フックの法則(応力-歪の関係式)が 6 つの計 15 式である.未知数と方程式の数が一致するので,方程式から未知数を逐次消去していけば解を求めることができる.

なお,平衡方程式には応力を用いて表記した式 (5.1) と変位を用いて表記した式 (5.9) があるが,弾性体の問題では式 (5.9) で表される変位と体積力の関係式を用いた方が便利な場合が多い.

◆◆◆ 注意 ◆◆◆

ナビエの式，応力の適合方程式の導出では，弾性定数が空間変化しない（均質な弾性体である）ことを用いている（発展問題5-1, 5-2）．つまり，式 (5.9) と (5.10) で表されるナビエの式と応力の適合方程式は均質等方弾性体で成立する方程式であることに注意する．

《 運動方程式 》

これまでに静的な等方弾性体における基礎方程式を学習した．ここでは弾性体の運動方程式について述べ，弾性体内を伝播する波動について簡単に説明する．

変位成分を u_i，応力成分を σ_{ij}，体積力を F_i，弾性体内の体積要素 ΔV の密度を ρ とする．このとき，運動方程式は次のように書ける．

$$\rho \frac{\partial^2}{\partial t^2} u_i = \sigma_{ji,j} + F_i. \tag{5.11}$$

運動方程式は弾性体中の波（機械工学・材料工学における衝撃波や固体地球物理学における地震波）を定式化するための基礎方程式である．

式 (5.11) の応力成分を変位を用いて書き直すと，次式になる（式 (5.9) を参照）．

$$\rho \frac{\partial^2}{\partial t^2} u_i = \mu \nabla^2 u_i + (\lambda + \mu) u_{j,ij} + F_i. \tag{5.12}$$

ベクトル表示で書くと，

$$\rho \frac{\partial^2}{\partial t^2} \boldsymbol{u} = \mu \nabla^2 \boldsymbol{u} + (\lambda + \mu) \nabla (\nabla \cdot \boldsymbol{u}) + \boldsymbol{F} \tag{5.13}$$

となる．この式をナビエの式（変位による運動方程式）という．ナビエの式は運動方程式中の応力成分を変位成分で表したものである．このナビエの式 (5.13) を変形することで弾性体内を伝播する波の特徴を知ることができる．

式 (5.13) の両辺の発散 (divergence) をとり，

$$\nabla \cdot \boldsymbol{u} = \frac{\partial u_x}{\partial x} + \frac{\partial u_y}{\partial y} + \frac{\partial u_z}{\partial z}$$
$$= e_{xx} + e_{yy} + e_{zz} = \theta$$

を用いると

$$\frac{\partial^2}{\partial t^2}\theta = \frac{\lambda + 2\mu}{\rho}\nabla^2 \theta + \frac{1}{\rho}\nabla \cdot \boldsymbol{F} \tag{5.14}$$

を得る．この式 (5.14) は波動方程式であり，体積変化 θ が外力 $\frac{1}{\rho}\nabla \cdot \boldsymbol{F}$ により励起され，波動として速さ $\sqrt{\frac{\lambda + 2\mu}{\rho}}$ で伝わることを表している．体積変化の伝播を表すこの波動は**縦波**であり，地震学では **P 波**として知られている．

一方で，式 (5.13) の両辺の回転 (rotation) をとり，

$$\nabla \times \boldsymbol{u} = \boldsymbol{\omega}$$

を用いると

$$\frac{\partial^2}{\partial t^2}\boldsymbol{\omega} = \frac{\mu}{\rho}\nabla^2 \boldsymbol{\omega} + \frac{1}{\rho}\nabla \times \boldsymbol{F} \tag{5.15}$$

を得る．この式 (5.15) も波動方程式であり，回転 $\boldsymbol{\omega}$ が外力 $\frac{1}{\rho}\nabla \times \boldsymbol{F}$ により励起され，波動として速さ $\sqrt{\frac{\mu}{\rho}}$ で伝わることを表している．回転（ねじれ）の伝播を表すこの波動は**横波**であり，地震学では **S 波**として知られている．

式 (5.14) と式 (5.15) から等方弾性体内部では縦波（P 波）と横波（S 波）の 2 種類の波が存在し，それぞれの速度（V_p および V_s）は

$$V_p = \sqrt{\frac{\lambda + 2\mu}{\rho}}, \quad V_s = \sqrt{\frac{\mu}{\rho}} \tag{5.16}$$

であることが導かれる．

式 (5.16) より，縦波は気体や液体，固体の中を伝わるが，横波は $\mu = 0$ となる気体や液体の中は伝播しないことがわかる．

《 歪エネルギー 》

 弾性体の問題の一般的な解法は，これまで学んできた基礎方程式（平衡方程式，歪と変位の関係式，フックの法則，適合方程式など）を連立させて，与えられた境界条件のもとで解くことである．しかしながら，実用上の有用性から広く使われている有限要素法などの数値計算では，弾性体のエネルギーに注目して問題を解いていく方法が用いられる．

 数値計算を用いた問題の解法の基礎となっている仮想仕事の原理や最小ポテンシャルエネルギー原理，カスティリアノの定理，さらにそれらに基づく近似的解法であるレイリー・リッツ法などは，弾性論の基礎からやや離れるので本書で扱わない．これらについては多くの教科書で詳しく記載されているので，それらを参考にしてほしい．しかしながら，変形によって弾性体に蓄えられる歪エネルギーの概念を知り，それを数学的に記述しておくことは，変形によるエネルギーの収支を理解するうえで有用であろう．

 弾性体に外力が作用すると，外力がする仕事は変形に伴う弾性体内部の仕事として蓄えられ，弾性体内部でなされる仕事は歪エネルギーとして蓄えられる．弾性体内に蓄えられる単位体積当りの歪エネルギー W は

$$W = \frac{1}{2} C_{ijkl} e_{ij} e_{kl} \tag{5.17}$$

と表せる．フックの法則（式 (4.1)）を用いると，

$$W = \frac{1}{2} e_{ij} \sigma_{ij} \tag{5.18}$$

とも書ける．W を歪エネルギー密度関数とよぶこともある．

 歪エネルギーと歪・応力の間には以下の関係が成立する．

$$\frac{\partial W}{\partial e_{ij}} = \sigma_{ij} \tag{5.19}$$

$$\frac{\partial W}{\partial \sigma_{ij}} = e_{ij}. \tag{5.20}$$

つまり，W を歪で微分すると応力が，応力で微分すると歪が得られる．なお，式 (5.19)，(5.20) の関係が成り立つためには，e_{xy} と e_{yx} などを形式的に独立な量として書いておかなければならない．

例題 26　地震波速度とポアソン比

P波速度とS波速度の比 (V_p/V_s) をポアソン比を用いて表せ．また，$V_p > V_s$ を確認せよ．

考え方

地球内部の岩石の種類や温度不均質，流体の分布を知るためには，P波速度やS波速度に加えて V_p/V_s 比も重要なパラメータとなる．本例題では V_p/V_s 比とポアソン比の関係を求めてみる．

解答

$V_p = \sqrt{\dfrac{\lambda + 2\mu}{\rho}}$, $V_s = \sqrt{\dfrac{\mu}{\rho}}$ より，

$$\frac{V_p}{V_s} = \sqrt{\frac{\lambda + 2\mu}{\mu}}.$$

式 (4.11) と式 (4.12) を代入すると

$$\frac{V_p}{V_s} = \sqrt{\frac{2(1-\nu)}{1-2\nu}}$$

となる．理論的には $-1 < \nu < 0.5$ であり，一般的な弾性体では $0 < \nu < 0.5$ なので，常に $V_p/V_s > 1$ である．

地球内部の岩石については，$\nu = 0.25$ が近似的に成り立っているので，地震学では $V_p/V_s = \sqrt{3}$ を用いて解析を行う場合が多い．ただし，岩石内に水やメルトなどの流体が存在する場合には，P波，S波速度とも低下し，多くの場合，V_p/V_s 比（ポアソン比）が大きくなる．つまり，V_p/V_s 比は岩石内の流体量やその存在形態を反映する物理量の1つである．

ワンポイント解説

・式 (5.16)

・ポアソン比 ν と V_p/V_s の関係は次のようになる．

ν	V_p/V_s
0.20	1.63
0.25	1.73
0.30	1.87
0.35	2.08

例題 27　歪エネルギー

外力によって弾性体の内部に応力や歪が生じたとき，弾性体内に蓄えられる歪エネルギーは単位体積当り

$$W = \frac{1}{2}e_{ij}\sigma_{ij}$$

で表せることを示せ．

考え方

ここでは，変形によって弾性体内部に蓄えられる歪エネルギーを実際に計算し，歪エネルギーの意味を考える．外力によって弾性体内に生じた応力がした仕事を考えることで歪エネルギーを求めることができる．なお，発展問題 5-5 で示すように，弾性定数の対称性 ($c_{ij} = c_{ji}$) は歪エネルギーを用いて証明される．

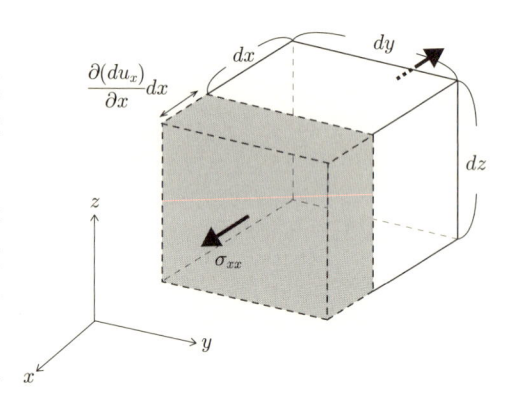

図 5.1: σ_{xx} による歪エネルギーの増分．

弾性体内に各辺の長さが dx, dy, dz の微小直方体を考え，この微小直方体内部に生じる応力と歪の変化から歪エネルギーを見積もっていく．いま，応力 σ_{xx} が生じ，歪が $de_{xx} = \dfrac{\partial(du_x)}{\partial x}$ だけ増加したとする．ここで，du_x は x 軸方向への変位の変化分である．このとき，直方体は図 5.1 のように $\dfrac{\partial(du_x)}{\partial x}dx$ だけ変形するので，応力 σ_{xx} によってなされた仕事，つまり弾性体内部でのエネルギーの増分 dU_{xx} は，

$$dU_{xx} = (力) \times (変形量)$$
$$= \sigma_{xx} \times dydz \times \frac{\partial(du_x)}{\partial x}dx$$
$$= \sigma_{xx} \times dydz \times de_{xx}dx$$
$$= \sigma_{xx}de_{xx}\Delta V \quad (\Delta V = dxdydz)$$

と書ける．したがって，単位体積当りの歪エネルギーの増分は

$$dW_{xx} = \sigma_{xx} de_{xx}$$

となる．他の法線応力成分 σ_{yy}, σ_{zz} やせん断応力成分 σ_{xy}, σ_{yz}, σ_{zx} についても同様に考えて歪エネルギーの増分を求めていく．

‖解答‖

せん断応力 σ_{xy} および σ_{yx} が生じ，de_{xy} および de_{yx} だけ歪が増加したとする（図 5.2）．このときの歪エネルギーの増分 dU_{xy} は

$$dU_{xy} = \sigma_{xy} \times dydz \times \frac{\partial(du_y)}{\partial x}dx$$
$$+ \sigma_{yx} \times dxdz \times \frac{\partial(du_x)}{\partial y}dy$$
$$= 2\sigma_{xy} de_{xy} \Delta V$$

であり，単位体積当りの歪エネルギーの増分は

$$dW_{xy} = 2\sigma_{xy} de_{xy}$$

となる．

ワンポイント解説

・ $de_{xy} = de_{yx}$
$= \frac{1}{2}\left(\frac{\partial(du_x)}{\partial y} + \frac{\partial(du_y)}{\partial x}\right)$

・応力テンソル，歪テンソルの対称性を利用．

・図が複雑にならないように z 軸方向（奥行き方向）は示していない．

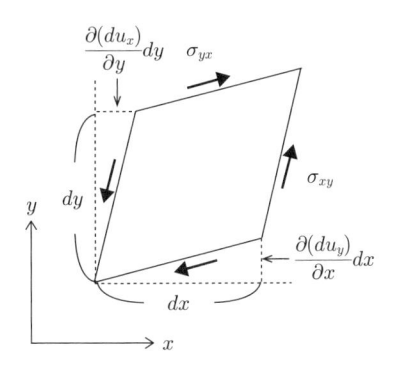

図 5.2: σ_{xy}, σ_{yx} による歪エネルギーの増分．

他の応力成分 (σ_{yy}, σ_{zz}, σ_{yz}, σ_{zx}) についても同様

に考え，すべての応力成分による寄与を考えると，単位体積当りの歪エネルギーの増分は

$$\begin{aligned} dW &= \sigma_{xx}de_{xx} + \sigma_{yy}de_{yy} + \sigma_{zz}de_{zz} \\ &\quad + 2\sigma_{xy}de_{xy} + 2\sigma_{yz}de_{yz} + 2\sigma_{zx}de_{zx} \\ &= \sigma_{ij}de_{ij} \\ &= C_{ijkl}e_{kl}de_{ij} \end{aligned} \tag{5.21}$$

・$\sigma_{ij} = C_{ijkl}e_{kl}$

と書ける．

いま，歪の基準として，**自然状態** ($e_{ij} = 0$) を考える．自然状態とは，一定かつ一様な温度条件下でいかなる変形も生じておらず，長時間放置してもいかなる変形も生じない状態のことであり，歪は自然状態を基準にして測られる．その状態から，歪 e_{ij} の状態に至った場合に蓄えられる単位体積当りの歪エネルギーを求めるためには，式 (5.21) を $0 \to e_{ij}$ まで積分すればよい．したがって，

$$\begin{aligned} W &= \int_0^{e_{ij}} C_{ijkl}e_{kl}de_{ij} \\ &= \frac{1}{2}C_{ijkl}e_{kl}e_{ij} \\ &= \frac{1}{2}e_{ij}\sigma_{ij} \end{aligned}$$

・$\sigma_{ij} = C_{ijkl}e_{kl}$

となる．歪成分と応力成分を用いると

$$\begin{aligned} W = \frac{1}{2}(&e_{xx}\sigma_{xx} + e_{yy}\sigma_{yy} + e_{zz}\sigma_{zz} \\ &+ 2e_{yz}\sigma_{yz} + 2e_{zx}\sigma_{zx} + 2e_{xy}\sigma_{xy}) \end{aligned} \tag{5.22}$$

と書ける．

歪エネルギーの定式化では，弾性体の「等方性」や「均質性」は仮定していないので，式 (5.22) は一般的な線形弾性体の微小変形に対して成立する式である．

例題 28　歪エネルギーと弾性定数

等方弾性体の歪エネルギーを歪成分のみで表せ．また，$E>0$, $\mu>0$, $K>0$, $-1<\nu<\dfrac{1}{2}$ を示せ．

考え方

式 (4.13) で示される応力と歪の関係式

$$\sigma_{ij} = \frac{E}{1+\nu}\left(\frac{\nu}{1-2\nu}\delta_{ij}e_{kk} + e_{ij}\right)$$

を歪エネルギーの式に代入し，式を整理すると歪エネルギーを歪成分のみで表すことができる．

弾性定数のとり得る範囲を求めるためには，ある単純な変形について歪エネルギーを計算し，それが常に正になるという条件を用いていく．等方弾性体の場合，ある方向の変形に対して成立する条件は他の方向の変形に対しても同様に成立する．

解答

歪エネルギーを歪成分のみで表すと，

$$\begin{aligned}W &= \frac{1}{2}e_{ij}\sigma_{ij} \\ &= \frac{1}{2}\frac{E\nu}{(1+\nu)(1-2\nu)}e_{ii}e_{jj} + \frac{E}{2(1+\nu)}e_{ij}e_{ij} \\ &= \frac{1}{2}\frac{E\nu}{(1+\nu)(1-2\nu)}(e_{xx}+e_{yy}+e_{zz})^2 \\ &\quad + \frac{E}{2(1+\nu)}(e_{xx}^2+e_{yy}^2+e_{zz}^2+2e_{xy}^2+2e_{yz}^2 \\ &\qquad +2e_{zx}^2)\end{aligned} \quad (5.23)$$

となる．歪エネルギーは歪成分の 2 乗の和で表されているので，その値は正となる．

いま，例題 20 のような x 軸方向の一軸引張を考えると

ワンポイント解説

・式 (4.13) を代入．
・$\delta_{ij}e_{ij}e_{kk} = e_{ii}e_{kk}$
　　$= e_{ii}e_{jj}$

$$\sigma_{xx} = Ee_{xx}$$
$$\sigma_{yy} = \sigma_{zz} = \sigma_{yz} = \sigma_{zx} = \sigma_{xy} = 0$$

なので，式 (5.22) は
$$W = \frac{1}{2}Ee_{xx}^2$$

となる．歪エネルギーの定義から $W \geq 0$ なので，$E \geq 0$ となる．

次に例題 22 のようなせん断変形を考えると
$$\sigma_{xy} = 2\mu e_{xy}$$

なので，式 (5.22) に代入すると
$$W = \frac{1}{2}\sigma_{xy}e_{xy} + \frac{1}{2}\sigma_{yx}e_{yx} = \sigma_{xy}e_{xy}$$
$$= 2\mu e_{xy}^2$$

・$\sigma_{xy} = \sigma_{yx}$
$e_{xy} = e_{yx}$
それ以外の成分は 0．

となる．$W > 0$ より $\mu > 0$ となる．

最後に例題 23 のような等方圧縮を考える．
$$\sigma_{xx} = \sigma_{yy} = \sigma_{zz} = -P$$

であり，
$$e_{xx} + e_{yy} + e_{zz} = -\frac{P}{K}$$
$$e_{xx} = e_{yy} = e_{zz}$$

なので，
$$\sigma_{xx} = \sigma_{yy} = \sigma_{zz} = 3Ke_{xx}$$

である．式 (5.22) に代入すると
$$W = \frac{9}{2}Ke_{xx}^2$$

となる．よって，$W > 0$ より $K > 0$ となる．

したがって，歪エネルギーが常に正という条件から

$$E > 0$$
$$\mu > 0$$
$$K > 0$$

を導くことができる．一方，

$$K = \frac{2}{3}\frac{1+\nu}{(1-2\nu)}\mu$$

の関係があるので，$K > 0$, $\mu > 0$ のとき，$\frac{1+\nu}{1-2\nu} > 0$ となる．この関係からポアソン比 ν のとり得る範囲は

$$-1 < \nu < \frac{1}{2}$$

となる．

第5章の発展問題

5-1. 変位の平衡方程式（ナビエの式）(5.9)

$$\mu\nabla^2 u_i + (\lambda+\mu)u_{j,ij} + F_i = 0$$

を導け．

5-2. 式 (5.7) を用いて応力の適合方程式

$$\nabla^2\sigma_{ij} + \frac{1}{1+\nu}\sigma_{kk,ij} = -\frac{\nu}{1-\nu}\delta_{ij}F_{k,k} - (F_{i,j} + F_{j,i})$$

を導き，独立な式を書き下せ．

5-3. 歪エネルギーを応力成分のみで表せ．

5-4. 式 (5.23) と発展問題 5-3 の結果を用いて，式 (5.19) と式 (5.20) を示せ．

5-5. 弾性体に蓄えられる単位体積当りの歪エネルギーは

$$W = \frac{1}{2}e_{ij}\sigma_{ij}$$

で表されることを利用して，$c_{ij} = c_{ji}$ を示せ．

6　2次元問題

重要度 ★★★

―《 はじめに 》―

　3次元問題では独立な応力成分は6つであるのに対して，2次元問題では独立な応力成分は3つであり，基礎方程式も簡単に書くことができる．そこで3次元問題を2次元問題に近似して解を求める場合が多い．本章ではまず，2次元問題である平面応力状態と平面歪状態の基礎方程式を示す．次いで，2次元問題の解析で用いられるエアリーの応力関数について説明し，それを用いた解析例を示す．なお，2次元問題では，解析的に解を得ることができる問題もあるが，解は弾性体の基礎方程式を厳密には満足していない場合があることに注意が必要である．

―《 平面応力状態 》―

　十分に薄い均質等方弾性体の板がその端面に板と平行な方向に力を受けている場合を考える（図6.1）．このとき，平板の表面は応力自由表面なので，

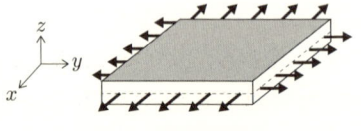

図6.1: 平面応力状態.

$$\sigma_{zz} = \sigma_{zx} = \sigma_{zy} = 0 \tag{6.1}$$

である．いま，平板が極めて薄い場合，応力は厚さ方向に一様に分布すると考えることができる．このような状態を平面応力状態という．平面応力状態は，極めて薄い板の変形を扱う際のよい近似であることが知られている．平面応力状態の基礎方程式は以下のように書ける．

応力と歪の関係

ラメの定数を用いた総和規約表記

$$\sigma_{ij} = \frac{2\mu\lambda}{\lambda + 2\mu}\delta_{ij}e_{kk} + 2\mu e_{ij} \tag{6.2}$$

ヤング率とポアソン比を用いた表記

$$\begin{aligned}
\sigma_{xx} &= \frac{E}{(1+\nu)(1-\nu)}(e_{xx} + \nu e_{yy}) \\
\sigma_{yy} &= \frac{E}{(1+\nu)(1-\nu)}(e_{yy} + \nu e_{xx}) \\
\sigma_{xy} &= \frac{E}{1+\nu}e_{xy}
\end{aligned} \tag{6.3}$$

$$\begin{aligned}
e_{xx} &= \frac{1}{E}(\sigma_{xx} - \nu\sigma_{yy}) \\
e_{yy} &= \frac{1}{E}(\sigma_{yy} - \nu\sigma_{xx}) \\
e_{xy} &= \frac{1+\nu}{E}\sigma_{xy} \\
e_{zz} &= -\frac{\nu}{E}(\sigma_{xx} + \sigma_{yy})
\end{aligned} \tag{6.4}$$

平衡方程式

$$\mu\nabla^2 u_i + \left(\frac{2\mu\lambda}{\lambda + 2\mu} + \mu\right)u_{j,ij} + F_i = 0 \tag{6.5}$$

歪の適合方程式

$$\frac{\partial^2 e_{xx}}{\partial y^2} + \frac{\partial^2 e_{yy}}{\partial x^2} = 2\frac{\partial^2 e_{xy}}{\partial x \partial y} \tag{6.6}$$

応力の適合方程式

$$\left(\frac{\partial^2}{\partial x^2} + \frac{\partial^2}{\partial y^2}\right)(\sigma_{xx} + \sigma_{yy}) = -(1+\nu)\left(\frac{\partial F_x}{\partial x} + \frac{\partial F_y}{\partial y}\right) \tag{6.7}$$

《 平面歪状態 》

　断面が一様な極めて長い均質等方弾性体の棒が，その両端で z 軸方向に変位の拘束を受け ($u_z = 0$)，側面に xy 平面に平行な力を受けている場合を考える（図 6.2）．この力が棒と平行な方向（z 軸方向）に一様に分布するとき，断面内の変位 u_x, u_y は z 方向に変化しない ($u_{x,z} = u_{y,z} = 0$)．このとき，棒の両端部を除く内部は歪の z 成分がすべて 0 となる．この状態を平面歪状態といい，極めて長い棒や厚い板の変形を扱う際の近似として用いられる．平面歪状態の基礎方程式は以下のように書ける．

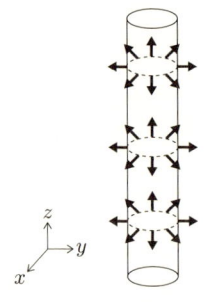

図 6.2: 平面歪状態．

応力と歪の関係

　ラメの定数を用いた総和規約表記

$$\sigma_{ij} = \lambda \delta_{ij} e_{kk} + 2\mu e_{ij} \tag{6.8}$$

　ヤング率とポアソン比を用いた表記

$$\begin{aligned}
\sigma_{xx} &= \frac{E(1-\nu)}{(1+\nu)(1-2\nu)}\left(e_{xx} + \frac{\nu}{1-\nu}e_{yy}\right) \\
\sigma_{yy} &= \frac{E(1-\nu)}{(1+\nu)(1-2\nu)}\left(e_{yy} + \frac{\nu}{1-\nu}e_{xx}\right) \\
\sigma_{xy} &= \frac{E}{1+\nu}e_{xy} \\
\sigma_{zz} &= \frac{E\nu}{(1+\nu)(1-2\nu)}(e_{xx} + e_{yy})
\end{aligned} \tag{6.9}$$

$$\begin{aligned}
e_{xx} &= \frac{(1+\nu)(1-\nu)}{E}\left(\sigma_{xx} - \frac{\nu}{1-\nu}\sigma_{yy}\right) \\
e_{yy} &= \frac{(1+\nu)(1-\nu)}{E}\left(\sigma_{yy} - \frac{\nu}{1-\nu}\sigma_{xx}\right) \\
e_{xy} &= \frac{1+\nu}{E}\sigma_{xy}
\end{aligned} \tag{6.10}$$

平衡方程式
$$\mu\nabla^2 u_i + (\lambda+\mu)u_{j,ij} + F_i = 0 \tag{6.11}$$

歪の適合方程式
$$\frac{\partial^2 e_{xx}}{\partial y^2} + \frac{\partial^2 e_{yy}}{\partial x^2} = 2\frac{\partial^2 e_{xy}}{\partial x \partial y} \tag{6.12}$$

応力の適合方程式
$$\left(\frac{\partial^2}{\partial x^2} + \frac{\partial^2}{\partial y^2}\right)(\sigma_{xx} + \sigma_{yy}) = -\frac{1}{1-\nu}\left(\frac{\partial F_x}{\partial x} + \frac{\partial F_y}{\partial y}\right) \tag{6.13}$$

式 (6.8) と式 (6.11) の λ を $\dfrac{2\mu\lambda}{\lambda+2\mu}$ で置き換えることにより，平面応力状態と同じ式になることがわかる．

《 エアリーの応力関数 》

2次元問題を解く場合，3つの応力成分を未知数として平衡方程式，適合方程式を連立させて，与えられた体積力のもとで境界条件を満足するように解を求める必要があるが，そのような問題を解くのは一般には容易ではない．しかし，2次元問題を容易に解くための関数が考案されており，問題に応じて適切な関数を用いることで様々な問題を解くことができる．

いま，体積力 F_i が保存力の場合，ポテンシャル V を用いると $F_i = -V_{,i}$ と表せる．ここで，次の式で表される新しい関数 $\chi(x,y)$ を導入する．

$$\begin{aligned}\sigma_{xx} - V &= \frac{\partial^2 \chi}{\partial y^2} \\ \sigma_{yy} - V &= \frac{\partial^2 \chi}{\partial x^2} \\ \sigma_{xy} &= -\frac{\partial^2 \chi}{\partial x \partial y}.\end{aligned} \tag{6.14}$$

この関数 $\chi(x,y)$ をエアリーの応力関数という．式 (6.14) は問題に応じた適切なエアリーの応力関数 $\chi(x,y)$ が与えられれば，それを空間微分することで応力成分を求めることができることを表している．

なお，このようにして計算された応力成分は平衡方程式と適合方程式を満足

する必要があるが，式 (6.14) で与えられる応力成分は平衡方程式を常に満足する．応力の適合方程式を満足する条件は，平面応力状態では式 (6.7) より

$$\frac{\partial^4 \chi}{\partial x^4} + 2\frac{\partial^4 \chi}{\partial x^2 \partial y^2} + \frac{\partial^4 \chi}{\partial y^4} = -(1-\nu)\nabla^2 V. \tag{6.15}$$

平面歪状態では式 (6.13) より

$$\frac{\partial^4 \chi}{\partial x^4} + 2\frac{\partial^4 \chi}{\partial x^2 \partial y^2} + \frac{\partial^4 \chi}{\partial y^4} = -\frac{1-2\nu}{1-\nu}\nabla^2 V \tag{6.16}$$

となる．体積力が 0 の場合，平面応力状態と平面歪状態において，適合方程式を満足するための $\chi(x,y)$ の条件は

$$\nabla^4 \chi = 0 \tag{6.17}$$

となる．つまり，エアリーの応力関数は**重調和関数**でなくてはならない．

エアリーの応力関数を導入することで，平衡方程式と適合方程式を連立して応力成分を求める 2 次元問題は，式 (6.15)〜(6.17) を満足する 1 つの関数 χ を求める問題に帰着できる（ただし，応力成分は境界条件を満足する必要があることに注意）．問題に応じて適切なエアリーの応力関数を与えることで様々な問題の応力と歪を求めることができる．

式 (6.15)〜(6.17) は線形微分方程式であるから重ね合わせの原理が適用できる．つまり，2 つの応力関数を χ_1, χ_2 とすると，その和 $\chi_1 + \chi_2$ も応力関数であり，$\chi_1 + \chi_2$ は χ_1, χ_2 が表すそれぞれの応力状態を足し合わせた応力状態を表すことになる．このことは基本的な応力関数の組み合わせによって複雑な応力状態を表現できることを意味している．

なお，現在の応力解析では有限要素法などの数値計算が用いられるため，エアリーの応力関数を見かけることはほとんどない．しかし，計算機が発達していなかった時代，エアリーの応力関数は 2 次元応力解析の主要な解析方法の 1 つであり，未知の問題に対応する応力関数を見つけることも弾性体力学の重要なテーマであった．

《 サンブナンの原理 》

弾性体表面に与えられる外力は複雑な場合が多いが，サンブナンの原理により扱いが容易な外力系に置き換えて考えることができる．

> **サンブナンの原理**
> 弾性体表面の微小面積要素に作用している外力を，その外力と静的に等価な異なる分布の外力に置き換えた場合，外力の作用点から十分離れた位置に生じる応力（歪）は両方の外力系においてほぼ等しくなる．

ここで，「静的に等価」とは合力および合モーメントが等しい場合をいう．

サンブナンの原理は，例えば実験において，静的に等価な外力（荷重系）のうち，もっとも制御しやすい外力を選べばよいことを示しており，実際には多くの場面で使われている．ただし，この原理は経験的に知られているが，数学的にはまだ証明されていない．

《 極座標における諸関係式 》

平面問題では円筒，円盤，円孔をもつ板などを対象とする場合が多く，このような問題では極座標系を用いると簡単に問題を解くことができる．ここでは2次元直交直線座標系 Oxy で求めた平面問題の諸関係式を2次元極座標系 $Or\theta$ で表しておく．なお，直交直線座標系も極座標系もともに直交座標系であるから，応力と歪の関係を表すフックの法則（式 (4.6), (4.7)）は添え字を $x \to r, y \to \theta$ にしても，その関係は成立する．

極座標系における応力や歪などの成分を次のように書く．

$$\begin{aligned}
&\text{応力成分} &&: \sigma_{rr}, \sigma_{\theta\theta}, \sigma_{r\theta} \\
&\text{歪成分} &&: e_{rr}, e_{\theta\theta}, e_{r\theta} \\
&r, \theta \text{方向の変位} &&: u_r, u_\theta \\
&r, \theta \text{方向の体積力} &&: F_r, F_\theta
\end{aligned}$$

歪と変位の関係

$$\begin{aligned}
e_{rr} &= \frac{\partial u_r}{\partial r} \\
e_{\theta\theta} &= \frac{1}{r}\frac{\partial u_\theta}{\partial \theta} + \frac{u_r}{r} \\
e_{r\theta} &= \frac{1}{2}\left(\frac{1}{r}\frac{\partial u_r}{\partial \theta} + \frac{\partial u_\theta}{\partial r} - \frac{u_\theta}{r}\right)
\end{aligned} \tag{6.18}$$

平衡方程式

$$\begin{aligned}
r\,\text{方向}:&\quad \frac{\partial \sigma_{rr}}{\partial r} + \frac{1}{r}\frac{\partial \sigma_{r\theta}}{\partial \theta} + \frac{\sigma_{rr}-\sigma_{\theta\theta}}{r} + F_r = 0 \\
\theta\,\text{方向}:&\quad \frac{\partial \sigma_{r\theta}}{\partial r} + \frac{1}{r}\frac{\partial \sigma_{\theta\theta}}{\partial \theta} + \frac{2}{r}\sigma_{r\theta} + F_\theta = 0
\end{aligned} \tag{6.19}$$

ラプラシアン

$$\nabla^2 = \frac{\partial^2}{\partial r^2} + \frac{1}{r}\frac{\partial}{\partial r} + \frac{1}{r^2}\frac{\partial^2}{\partial \theta^2} \tag{6.20}$$

エアリーの応力関数と応力成分（体積力が 0 の場合）

$$\begin{aligned}
\sigma_{rr} &= \frac{1}{r}\frac{\partial \chi}{\partial r} + \frac{1}{r^2}\frac{\partial^2 \chi}{\partial \theta^2} \\
\sigma_{\theta\theta} &= \frac{\partial^2 \chi}{\partial r^2} \\
\sigma_{r\theta} &= \frac{1}{r^2}\frac{\partial \chi}{\partial \theta} - \frac{1}{r}\frac{\partial^2 \chi}{\partial r \partial \theta}
\end{aligned} \tag{6.21}$$

例題 29　平面応力状態

直交直線座標系 $Oxyz$ において,均質等方弾性体が平面応力状態 ($\sigma_{zz} = \sigma_{zx} = \sigma_{zy} = 0$) にある場合を考える.この弾性体が満たすべき応力と歪の関係式,平衡方程式,歪の適合方程式,応力の適合方程式を求めよ.

考え方

2次元問題に帰着できる平面応力状態は,3次元問題の近似解法の1つである.本例題では平面応力状態の基礎方程式をていねいに導出し,平面応力状態の変形様式を具体的に考えてみる.目標とする平面応力状態の基礎方程式は式 (6.2)〜(6.7) で与えられる.

この例題では,本書で学んできた基礎方程式とその式変形の理解が不可欠であるため,これまでの理解度を確認するよい問題である.もし,総和規約の展開や式の変形でつまづくようなことがあれば,もう一度これまでの学習内容を復習してほしい.

‖解答‖

応力と歪の関係式

歪と応力の関係式 (5.2) より

$$\sigma_{zz} = \lambda(e_{xx} + e_{yy} + e_{zz}) + 2\mu e_{zz}$$

であり,平面応力状態なので $\sigma_{zz} = 0$ より

$$e_{zz} = -\frac{\lambda}{\lambda + 2\mu}(e_{xx} + e_{yy}) \quad (6.22)$$

となる.

一方,

$$e_{kk} = e_{xx} + e_{yy} + e_{zz}$$
$$= \frac{2\mu}{\lambda + 2\mu}(e_{xx} + e_{yy})$$

なので,式 (5.2) に代入すると

ワンポイント解説

・式 (6.22) を代入

$$\sigma_{ij} = \frac{2\mu\lambda}{\lambda+2\mu}\delta_{ij}e_{kk} + 2\mu e_{ij} \qquad (6.23)$$

を得る．式 (6.23) が平面応力問題における応力と歪の関係式である．ポアソン比とヤング率を用いると

$$\begin{aligned}\sigma_{ij} &= \frac{E\nu}{(1+\nu)(1-\nu)}\delta_{ij}e_{kk} \\ &\quad + \frac{E}{1+\nu}e_{ij}\end{aligned} \qquad (6.24)$$

と書ける．

この関係を成分で書くと

$$\begin{aligned}\sigma_{xx} &= \frac{E}{(1+\nu)(1-\nu)}(e_{xx}+\nu e_{yy}) \\ \sigma_{yy} &= \frac{E}{(1+\nu)(1-\nu)}(e_{yy}+\nu e_{xx}) \\ \sigma_{xy} &= \frac{E}{1+\nu}e_{xy}\end{aligned} \qquad (6.25)$$

となる．

・2次元問題なので指標の範囲は，$i,j,k=1,2$ である．

平衡方程式

$e_{kk}=u_{k,k}$, $2e_{ij}=u_{i,j}+u_{j,i}$ を用いて，式 (6.23) の歪成分を変位成分に書きかえて，平衡方程式 $\sigma_{ji,j}+F_i=0$ に代入する．

$$\frac{2\mu\lambda}{\lambda+2\mu}\delta_{ij}u_{k,kj} + \mu(u_{i,jj}+u_{j,ij}) + F_i = 0$$
$$\frac{2\mu\lambda}{\lambda+2\mu}u_{j,ij} + \mu u_{i,jj} + \mu u_{j,ij} + F_i = 0$$
$$\mu u_{i,jj} + \left(\frac{2\mu\lambda}{\lambda+2\mu}+\mu\right)u_{j,ij} + F_i = 0$$
$$\mu\nabla^2 u_i + \left(\frac{2\mu\lambda}{\lambda+2\mu}+\mu\right)u_{j,ij} + F_i = 0 \qquad (6.26)$$

式 (6.26) が平面応力状態における平衡方程式である．$F_i=0$ のとき

・$i=j$ のとき
$\delta_{ij}=1$ なので
$\delta_{ij}u_{k,kj} = u_{k,ki}$
$\qquad = u_{j,ji}$
$\qquad = u_{j,ij}$
$u_{i,jj} = \nabla^2 u_i$
$\nabla = \left(\frac{\partial}{\partial x}, \frac{\partial}{\partial y}\right)$

$$\mu\nabla^2 u_i + \left(\frac{2\mu\lambda}{\lambda+2\mu} + \mu\right)u_{j,ij} = 0 \tag{6.27}$$

となる．式 (6.27) は

$$\nabla^2 u_i + \frac{1+\nu}{1-\nu}u_{j,ij} = 0$$

とも書ける．

<u>歪の適合方程式</u>

$e_{ij} = \frac{1}{2}(u_{i,j} + u_{j,i})$ より

$$\begin{aligned}e_{xx} &= u_{x,x}\\ e_{yy} &= u_{y,y}\\ e_{xy} &= \frac{1}{2}(u_{x,y} + u_{y,x}).\end{aligned} \tag{6.28}$$

第 1 式を y について 2 回微分すると

$$\frac{\partial^2 e_{xx}}{\partial y^2} = \frac{\partial^3 u_x}{\partial x \partial y^2}. \tag{6.29}$$

第 2 式を x について 2 回微分すると

$$\frac{\partial^2 e_{yy}}{\partial x^2} = \frac{\partial^3 u_y}{\partial x^2 \partial y}. \tag{6.30}$$

第 3 式を x と y について 1 回ずつ微分すると

$$\frac{\partial^2 e_{xy}}{\partial x \partial y} = \frac{1}{2}\left(\frac{\partial^3 u_x}{\partial x \partial y^2} + \frac{\partial^3 u_y}{\partial x^2 \partial y}\right) \tag{6.31}$$

となり，式 (6.29)〜(6.31) より

$$\frac{\partial^2 e_{xx}}{\partial y^2} + \frac{\partial^2 e_{yy}}{\partial x^2} = 2\frac{\partial^2 e_{xy}}{\partial x \partial y} \tag{6.32}$$

を得る．式 (6.32) は 2 次元問題における歪の適合方程式である．歪は弾性体の幾何学的な変形なので，歪の適合方程式には弾性定数は含まれない．

応力の適合方程式

歪と応力の関係式は,

$$e_{ij} = \frac{-\lambda}{2\mu(3\lambda + 2\mu)}\delta_{ij}\sigma_{kk} + \frac{1}{2\mu}\sigma_{ij}$$ ・式 (4.7)

であり,λ, μ をポアソン比 ν, ヤング率 E を用いて書き直すと

$$e_{ij} = \frac{1+\nu}{E}\sigma_{ij} - \frac{\nu}{E}\delta_{ij}\sigma_{kk}$$ ・式 (4.14)

となる.平面応力状態の場合,$\sigma_{zz} = 0$ なので

$$\sigma_{kk} = \sigma_{xx} + \sigma_{yy}.$$ ・$\sigma_{kk} = \sigma_{xx}+\sigma_{yy}+\sigma_{zz}$

よって

$$\begin{aligned}
e_{xx} &= \frac{1+\nu}{E}\sigma_{xx} - \frac{\nu}{E}(\sigma_{xx} + \sigma_{yy}) \\
&= \frac{1}{E}(\sigma_{xx} - \nu\sigma_{yy}) \\
e_{yy} &= \frac{1}{E}(\sigma_{yy} - \nu\sigma_{xx}) \\
e_{xy} &= \frac{1+\nu}{E}\sigma_{xy} \\
e_{zz} &= -\frac{\nu}{E}(\sigma_{xx} + \sigma_{yy})
\end{aligned} \quad (6.33)$$

・平面応力状態では $\sigma_{zz} = 0$ であるが,$e_{zz} \neq 0$ である.

・式 (4.64)〜(4.66) で $\sigma_{zz} = 0$ とした式と同じ形である.

となる.式 (6.33) は平面応力状態における歪と応力の関係式を表す.式 (6.33) を式 (6.32) に代入すると

$$\begin{aligned}
\frac{\partial^2}{\partial y^2}(\sigma_{xx} - \nu\sigma_{yy}) &+ \frac{\partial^2}{\partial x^2}(\sigma_{yy} - \nu\sigma_{xx}) \\
&= 2(1+\nu)\frac{\partial^2 \sigma_{xy}}{\partial x \partial y}
\end{aligned} \quad (6.34)$$

となる.平衡方程式 $\sigma_{ji,j} + F_i = 0$ より

$$\sigma_{xx,x} + \sigma_{yx,y} + F_x = 0$$
$$\sigma_{xy,x} + \sigma_{yy,y} + F_y = 0.$$

第1式を x で，第2式を y で微分すると

$$\frac{\partial^2 \sigma_{xx}}{\partial x^2} + \frac{\partial^2 \sigma_{yx}}{\partial x \partial y} + \frac{\partial F_x}{\partial x} = 0$$

$$\frac{\partial^2 \sigma_{xy}}{\partial x \partial y} + \frac{\partial^2 \sigma_{yy}}{\partial y^2} + \frac{\partial F_y}{\partial y} = 0.$$

両者を足すと

$$\frac{\partial^2 \sigma_{xx}}{\partial x^2} + 2\frac{\partial^2 \sigma_{xy}}{\partial x \partial y} + \frac{\partial^2 \sigma_{yy}}{\partial y^2} + \frac{\partial F_x}{\partial x} + \frac{\partial F_y}{\partial y} = 0. \quad (6.35)$$

・$\sigma_{xy} = \sigma_{yx}$

式 (6.34) と式 (6.35) より σ_{xy} を消去すると，

$$\left(\frac{\partial^2}{\partial x^2} + \frac{\partial^2}{\partial y^2}\right)(\sigma_{xx} + \sigma_{yy}) = -(1+\nu)\left(\frac{\partial F_x}{\partial x} + \frac{\partial F_y}{\partial y}\right) \quad (6.36)$$

となる．この式は平面応力状態における応力の適合方程式である．$F_i = 0$ の場合，

$$\left(\frac{\partial^2}{\partial x^2} + \frac{\partial^2}{\partial y^2}\right)(\sigma_{xx} + \sigma_{yy}) = 0 \quad (6.37)$$

となる．また，式 (6.37) は以下のようにも書ける．

$$\nabla^2 \sigma_{kk} = 0.$$

体積力が0の場合には，応力の適合方程式に弾性定数は含まれない．このことは，平面応力状態における応力分布がある媒質で得られたならば，他の媒質においても同じ応力分布が得られることを示している．この性質は実験を行ううえで重要な制約となる．

例題30 片持ちはりとエアリーの応力関数

直交直線座標系 $Oxyz$ における平面応力問題を考える．図に示すように，$z=0$ の xy 平面にある単位厚さの片持ちはりの先端に集中荷重 P が作用しているとする．エアリーの応力関数が

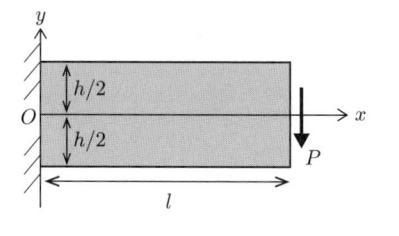

$$\chi = Axy + Bxy^3 + Cy^3 \tag{6.38}$$

で与えられるとき，χ は重調和関数であることを示し，応力の各成分を求めよ．なお，物体にかかる体積力は0とし，A, B, C は定数とする．

考え方

本例題はエアリーの応力関数を用いた代表的な問題である．応力成分はエアリーの応力関数から簡単に計算できるが，その応力成分は境界条件を満たさなければならない（エアリーの応力関数の定義から，平衡方程式は常に満足する）．つまり，式 (6.38) で表される応力関数に対して，境界条件に関する式を一つひとつ解いていく必要がある．境界条件は問題設定によって異なるが，応力関数についての多くの問題は本例題と類似したものが多い．構造力学で用いるはりの曲げや板のたわみを理解するための基礎的な問題でもある．

重調和関数であることを示すためには，

$$\nabla^4 \chi = 0 \tag{6.39}$$

を示せばよい．また，応力関数と応力成分の関係式は式 (6.14) で表せる．

定数 A, B, C を決定するためには次の境界条件を用いる．

1. はりの上下面 $(y = \pm \frac{h}{2})$ で $\sigma_{yy} = \sigma_{yx} = 0$　（応力自由表面）
2. 端面 $(x = l)$ で $\sigma_{xx} = 0$
3. 端面 $(x = l)$ で $\int_{-\frac{h}{2}}^{\frac{h}{2}} \sigma_{xy} dy = -P$

解答

式 (6.38) を式 (6.39) に代入すると

$$\nabla^4 \chi = \frac{\partial^4 \chi}{\partial x^4} + 2\frac{\partial^4 \chi}{\partial x^2 \partial y^2} + \frac{\partial^4 \chi}{\partial y^4} = 0$$

となり，χ は重調和関数であることがわかる．

一方，式 (6.14) を用いると応力成分はそれぞれ

$$\sigma_{xx} = \frac{\partial^2 \chi}{\partial y^2} = 6Bxy + 6Cy$$

$$\sigma_{yy} = \frac{\partial^2 \chi}{\partial x^2} = 0$$

$$\sigma_{xy} = -\frac{\partial^2 \chi}{\partial x \partial y} = -A - 3By^2$$

となる．応力の各成分が境界条件 1～3 を満足するように定数 A, B, C を決定する．

境界条件 1 より

$$\sigma_{yx} = \sigma_{xy} = -A - 3B\frac{h^2}{4} = 0$$

$$\therefore A = -\frac{3}{4}Bh^2. \qquad (6.40)$$

境界条件 2 より，

$$\sigma_{xx} = 6Bly + 6Cy = 0.$$

任意の y に対して成立するためには，

$$C = -Bl.$$

境界条件 3 より

$$\int_{-\frac{h}{2}}^{\frac{h}{2}} (-A - 3By^2) dy = -P$$

$$\left[-Ay - By^3 \right]_{-\frac{h}{2}}^{\frac{h}{2}} = -P$$

ワンポイント解説

・エアリーの応力関数が重調和関数であれば，応力関数から計算される応力成分は適合方程式を常に満足する．

・$y = \pm\dfrac{h}{2}$ で $\sigma_{xy} = 0$

・$x = l$ で $\sigma_{xx} = 0$

$$-Ah - \frac{1}{4}Bh^3 = -P$$
$$Ah + \frac{1}{4}Bh^3 = P \tag{6.41}$$

を得る.

式 (6.40) を式 (6.41) に代入すると

$$-\frac{3}{4}Bh^3 + \frac{1}{4}Bh^3 = P$$
$$\therefore B = -\frac{2P}{h^3}.$$

よって,

$$A = -\frac{3}{4}h^2\left(-\frac{2P}{h^3}\right) = \frac{3P}{2h}$$
$$C = \frac{2P}{h^3}l.$$

したがって,

$$\begin{aligned}
\sigma_{xx} &= 6Bxy + 6Cy \\
&= 6\left(-\frac{2P}{h^3}\right)xy + 6\left(\frac{2P}{h^3}l\right)y \\
&= \frac{12P}{h^3}(l-x)y \\
\sigma_{yy} &= 0 \\
\sigma_{xy} &= -A - 3By^2 \\
&= -\frac{3P}{2h} - 3\left(-\frac{2P}{h^3}\right)y^2 \\
&= -\frac{3P}{2h} + \frac{6P}{h^3}y^2 \\
&= -\frac{12P}{h^3}\frac{1}{2}\left(\frac{h^2}{4} - y^2\right)
\end{aligned} \tag{6.42}$$

となる. なお, 式 (6.42) によって与えられる応力成分は, はりの端面 ($x = l$) と固定面 ($x = 0$) においては厳

> 単位厚さの板の断面2次モーメント
> $I = \dfrac{h^3}{12}$
> を用いると
> $\sigma_{xx} = \dfrac{P}{I}(l-x)y$
> σ_{xy}
> $= \dfrac{-P}{2I}\left(\dfrac{h^2}{4} - y^2\right)$
> となり, 材料力学で導かれる結果と一致することがわかる.

密解にならないことが知られている．しかし，サン・ブナンの原理により両端から十分に離れた位置における応力成分は式 (6.42) で与えられる．

ここでは応力成分しか求めていないが，式 (6.33) を用いると歪成分を求めることができる．さらに式 (6.28) により変位成分を計算することもできる．

第6章の発展問題

6-1. 例題 29 を参考にして，平面歪状態における応力と歪の関係式，平衡方程式，歪の適合方程式，応力の適合方程式を導け．

6-2. 次の式で定義されるエアリーの応力関数 χ は平衡方程式を満足することを示せ．また，応力の適合方程式を満足するための条件を示せ．ただし，体積力は 0 とする．

$$\sigma_{xx} = \frac{\partial^2 \chi}{\partial y^2}, \quad \sigma_{yy} = \frac{\partial^2 \chi}{\partial x^2}, \quad \sigma_{xy} = -\frac{\partial^2 \chi}{\partial x \partial y}.$$

6-3. 一様な圧力 P_0 を受ける半径 a の薄い円盤を考える．エアリーの応力関数が $\chi = Ar^2$ (A：定数) で与えられる場合の応力成分を求めよ．ただし，体積力は 0 とする．

6-4. 内半径 a，外半径 b の極めて長い円筒に内圧 P_a，外圧 P_b が一様に作用しているとき，この状態を表すエアリーの応力関数を求めよ．ただし，体積力は 0 とする．

6-5. 問題 6-4 において，応力成分を求めよ．ただし，境界条件は

$$\sigma_{rr} = -P_a, \quad \sigma_{r\theta} = 0 \quad (r = a)$$
$$\sigma_{rr} = -P_b, \quad \sigma_{r\theta} = 0 \quad (r = b)$$

である．また，半径比 $\frac{a}{b} = \frac{1}{2}$，$P_a = 0$ のとき，円筒内の応力分布を考察せよ．

重要度
★★★★

A 参考文献

　ここでは弾性論の基礎から応用までを取り扱っている教科書のうち，本書の執筆で参考にした教科書を紹介する．これ以外にも優れた教科書が多く出版されているので，自分にあう教科書を探してほしい．

岡部 朋永,「ベクトル解析からはじめる固体力学入門」, コロナ社 (2013).
萩 博次,「弾性力学」, 共立出版 (2011).
有光 隆,「図解 はじめての固体力学–弾性, 塑性, 粘弾性–」, 講談社 (2010).
京谷 孝史,「よくわかる連続体力学ノート」, 森北出版 (2008).
竹園 茂男・他,「弾性力学入門」, 森北出版 (2007).
伊藤 勝悦,「弾性体力学入門」, 森北出版 (2006).
進藤 裕英,「線形弾性論の基礎」, コロナ社 (2002).
佐野 理,「連続体の力学」, 裳華房 (2000).
高橋 邦弘,「弾性体力学の基礎」, コロナ社 (1998).
吉田 総仁,「弾塑性力学の基礎」, 共立出版 (1997).

B テンソル

重要度 ★★★

―― 《 はじめに 》 ――

　本書で学ぶ弾性体力学はテンソルを用いて記述される．テンソルとはベクトルからベクトルへの線形変換を表す量であり，弾性体に作用する外力（ベクトル）とそれよって内力が生じる面の方向（ベクトル）とを結びつけるために用いられる．テンソルは弾性体の変形を扱ううえで不可欠な概念であるが，具体的なイメージを描きにくいこと，数学的記述が複雑であることなどから，弾性体力学の敷居を高くしている要因の1つでもある．ここではベクトルとテンソルの数学的・物理的意味について考えてみる．

―― 《 スカラー 》 ――

　身の周りの物理現象には，温度や密度，質量など，大きさだけで表せる量があり，それらをスカラーという．ただし，例えば温度 (T) は時間 (t) や場所 (x, y, z) の関数で表される場合，$T(t, x, y, z)$ と表記されるが，温度は常に1つの量（大きさ）で定義できる．スカラーは座標系を変えてもその値は変化しない．

―― 《 ベクトル 》 ――

　2つの量（大きさと方向）によって表される物理量であり，例としては速度や電場などがある．大きさと方向をもつ物理量を空間に表現するためには矢印を用いると便利である．その際，矢印の長さで「大きさ」を，向きで「方向」を表現する．

　2次元空間ではベクトルの成分は2つであり，

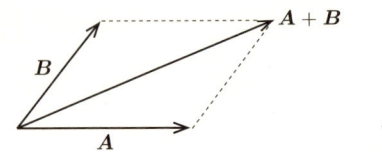

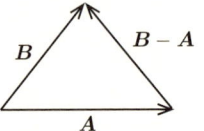

図 B.1: ベクトルの和と差の関係.

$$A = \begin{pmatrix} a_1 \\ a_2 \end{pmatrix}, \qquad B = \begin{pmatrix} b_1 \\ b_2 \end{pmatrix}$$

と表現する．同様に，3次元空間ではベクトルの成分は3つであり，

$$A = \begin{pmatrix} a_1 \\ a_2 \\ a_3 \end{pmatrix}, \qquad B = \begin{pmatrix} b_1 \\ b_2 \\ b_3 \end{pmatrix}$$

と表現する．

図 B.1 で示したようなベクトルの和と差は成分ごとの計算により求めることができる．例えば，2次元ベクトルの和は

$$A + B = \begin{pmatrix} a_1 \\ a_2 \end{pmatrix} + \begin{pmatrix} b_1 \\ b_2 \end{pmatrix} = \begin{pmatrix} a_1 + b_1 \\ a_2 + b_2 \end{pmatrix}$$

となる．

──《 ベクトルの座標回転 》──

2次元直交直線座標系 Ox_1x_2 を考え，この座標系の原点を固定し，反時計回りに角度 θ だけ回転させた新しい座標系 $Ox'_1x'_2$ を考える．図 B.2 の点 P の座標は，回転前の座標系 Ox_1x_2 と回転後の座標系 $Ox'_1x'_2$ ではそれぞれ

$$x = \begin{pmatrix} x_1 \\ x_2 \end{pmatrix}, \quad x' = \begin{pmatrix} x'_1 \\ x'_2 \end{pmatrix}$$

となる．図 B.2 をみると

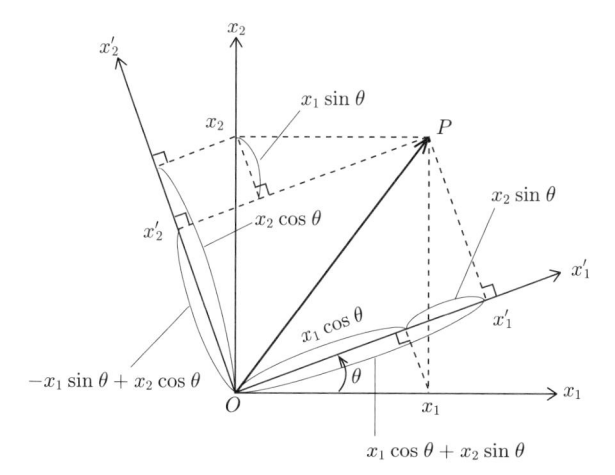

図 B.2: 座標系の回転.

の関係があり，式 (B.1) は行列表示を用いて

$$\begin{pmatrix} x'_1 \\ x'_2 \end{pmatrix} = \begin{pmatrix} \cos\theta & \sin\theta \\ -\sin\theta & \cos\theta \end{pmatrix} \begin{pmatrix} x_1 \\ x_2 \end{pmatrix}$$

と表現できる．ここで，$\begin{pmatrix} \cos\theta & \sin\theta \\ -\sin\theta & \cos\theta \end{pmatrix}$ は座標系の回転角 θ に対応して決まる行列であり，座標変換行列，または回転行列とよばれる．

x'_i 軸と x_j 軸の間の方向余弦を α_{ij} とすると

$$\alpha_{ij} = \cos\theta$$

であり，座標変換行列は

$$x'_1 = x_1\cos\theta + x_2\sin\theta$$
$$x'_2 = -x_1\sin\theta + x_2\cos\theta$$

(B.1)

$$M = \begin{pmatrix} \alpha_{11} & \alpha_{12} \\ \alpha_{21} & \alpha_{22} \end{pmatrix} \tag{B.2}$$

と書ける.

3次元の場合にも同様にして座標変換行列を定義できるので，2次元および3次元ベクトルの成分の座標変換はそれぞれ

$$\begin{pmatrix} x'_1 \\ x'_2 \end{pmatrix} = \begin{pmatrix} \alpha_{11} & \alpha_{12} \\ \alpha_{21} & \alpha_{22} \end{pmatrix} \begin{pmatrix} x_1 \\ x_2 \end{pmatrix}$$

$$\begin{pmatrix} x'_1 \\ x'_2 \\ x'_3 \end{pmatrix} = \begin{pmatrix} \alpha_{11} & \alpha_{12} & \alpha_{13} \\ \alpha_{21} & \alpha_{22} & \alpha_{23} \\ \alpha_{31} & \alpha_{32} & \alpha_{33} \end{pmatrix} \begin{pmatrix} x_1 \\ x_2 \\ x_3 \end{pmatrix}$$

と書ける．総和規約を用いると

$$x'_i = \alpha_{ij} x_j \tag{B.3}$$

となる.

数学的には式 (B.3) の変換法則に従う量 x_i をベクトルとして定義する．式 (B.3) の逆変換は，

$$x_i = \alpha_{ji} x'_j \tag{B.4}$$

となる．

―――――《 テンソル 》―――――

あるベクトルから別のベクトルへの線形変換を行う際に，その対応関係を示す量をテンソルという．ベクトル $\boldsymbol{x}$ をベクトル $\boldsymbol{y}$ に変換する作用素 T を考え，それらが線形関係にあるとする．つまり，

$$\begin{aligned} \boldsymbol{y} &= T(\boldsymbol{x}) \\ T(k_1 \boldsymbol{x}_1 + k_2 \boldsymbol{x}_2) &= k_1 T(\boldsymbol{x}_1) + k_2 T(\boldsymbol{x}_2) \end{aligned} \tag{B.5}$$

を満足する（k_1, k_2 は定数）．

直交座標系の基底ベクトルを e_1, e_2, e_3 とすると，これらに T を作用させた3つのベクトル $T(e_1)$, $T(e_2)$, $T(e_3)$ も同一座標系内のベクトルであるので，e_1, e_2, e_3 の線形結合として，次のように表すことができる．

$$T(e_1) = T_{11}e_1 + T_{21}e_2 + T_{31}e_3$$
$$T(e_2) = T_{12}e_1 + T_{22}e_2 + T_{32}e_3$$
$$T(e_3) = T_{13}e_1 + T_{23}e_2 + T_{33}e_3.$$

いま，2つのベクトル $\bm{A} = \begin{pmatrix} a_1 \\ a_2 \\ a_3 \end{pmatrix}$, $\bm{B} = \begin{pmatrix} b_1 \\ b_2 \\ b_3 \end{pmatrix}$ を考え，$\bm{B} = T(\bm{A})$ が成り立つとする．すると，$\bm{A} = a_1 e_1 + a_2 e_2 + a_3 e_3$ と書けるので，

$$\begin{aligned} \bm{B} = T(\bm{A}) &= T(a_1 e_1 + a_2 e_2 + a_3 e_3) \\ &= a_1 T(e_1) + a_2 T(e_2) + a_3 T(e_3) \\ &= a_1(T_{11}e_1 + T_{21}e_2 + T_{31}e_3) \\ &\quad + a_2(T_{12}e_1 + T_{22}e_2 + T_{32}e_3) \\ &\quad\quad + a_3(T_{13}e_1 + T_{23}e_2 + T_{33}e_3) \\ &= (T_{11}a_1 + T_{12}a_2 + T_{13}a_3)e_1 \\ &\quad + (T_{21}a_1 + T_{22}a_2 + T_{23}a_3)e_2 \\ &\quad\quad + (T_{31}a_1 + T_{32}a_2 + T_{33}a_3)e_3 \end{aligned}$$

を得る．$\bm{B} = b_1 e_1 + b_2 e_2 + b_3 e_3$ なので，

$$\begin{pmatrix} b_1 \\ b_2 \\ b_3 \end{pmatrix} = \begin{pmatrix} T_{11} & T_{12} & T_{13} \\ T_{21} & T_{22} & T_{23} \\ T_{31} & T_{32} & T_{33} \end{pmatrix} \begin{pmatrix} a_1 \\ a_2 \\ a_3 \end{pmatrix} \quad \text{(B.6)}$$

の関係が成立する．式 (B.6) は T_{ij} により，ベクトル $\bm{A}$ をベクトル $\bm{B}$ に変換できることを意味している．ここで，T_{ij} をテンソルという．テンソルはベクトルからベクトルへの線形変換を表す量であることがわかる．式 (B.6) をみるとテンソル T_{ij} は行列で表記されているが，「テンソル＝行列」ではないこと

に注意する．上式を成分表示で書くと，

$$b_i = T_{ij}a_j$$

となる．式 (B.6) の T_{ij} は指標が2つなので2階のテンソルという．

式 (B.6) の a_j や b_i が式 (B.3) の変換則に従うことを用いると，テンソルの成分の座標変換は

$$T'_{ij} = \alpha_{ik}\alpha_{jl}T_{kl} \tag{B.7}$$

となる．式 (B.7) が成立する T_{ij} をテンソルと定義する場合もある．式 (B.7) を行列の直接表記で書くと

$$[T'] = [M][T][M]^T \tag{B.8}$$

となる．なお，式 (B.8) の各量はテンソルではなく，その成分からなる行列であることに注意する．

ベクトルが剛体の力学を表現するのに便利であるのと同様に，テンソルは弾性体内部の変形を表現するのに適している．弾性体に外からある力（外力）が作用すると弾性体内部に変形が生じるが，変形を記述するためには作用する外力（向きと大きさをもつベクトル）と注目する面の方向（法線ベクトル）という2つのベクトルを指定する必要がある．つまり，2つのベクトルの線形関係を表現できるテンソルの導入は，弾性体力学の変形を記述するうえで不可欠である．

C 発展問題の略解

重要度 ★

第1章の発展問題の解答

1-1. 略

1-2. 略

1-3. 右辺では指標 r, s, t が繰り返し用いられている．まず，$r = 1, 2, 3$ について和をとり，次に $s, t = 1, 2, 3$ について和をとる．右辺は，

$$\epsilon_{rst} a_{r1} a_{s2} a_{t3}$$
$$= \epsilon_{1st} a_{11} a_{s2} a_{t3} + \epsilon_{2st} a_{21} a_{s2} a_{t3} + \epsilon_{3st} a_{31} a_{s2} a_{t3}$$
$$= \epsilon_{12t} a_{11} a_{22} a_{t3} + \epsilon_{13t} a_{11} a_{32} a_{t3}$$
$$\quad + \epsilon_{21t} a_{21} a_{12} a_{t3} + \epsilon_{23t} a_{21} a_{32} a_{t3}$$
$$\quad + \epsilon_{31t} a_{31} a_{12} a_{t3} + \epsilon_{32t} a_{31} a_{22} a_{t3}$$
$$= \epsilon_{123} a_{11} a_{22} a_{33} + \epsilon_{132} a_{11} a_{32} a_{23}$$
$$\quad + \epsilon_{213} a_{21} a_{12} a_{33} + \epsilon_{231} a_{21} a_{32} a_{13}$$
$$\quad + \epsilon_{312} a_{31} a_{12} a_{23} + \epsilon_{321} a_{31} a_{22} a_{13}$$
$$= a_{11} a_{22} a_{33} - a_{11} a_{32} a_{23} - a_{21} a_{12} a_{33}$$
$$\quad + a_{21} a_{32} a_{13} + a_{31} a_{12} a_{23} - a_{31} a_{22} a_{13}.$$

一方で，左辺は，

$$\begin{vmatrix} a_{11} & a_{12} & a_{13} \\ a_{21} & a_{22} & a_{23} \\ a_{31} & a_{32} & a_{33} \end{vmatrix}$$

$$= a_{11}a_{22}a_{33} + a_{21}a_{32}a_{13} + a_{31}a_{12}a_{23}$$
$$- a_{11}a_{32}a_{23} - a_{21}a_{12}a_{33} - a_{31}a_{22}a_{13}$$

となる．

したがって，

$$\begin{vmatrix} a_{11} & a_{12} & a_{13} \\ a_{21} & a_{22} & a_{23} \\ a_{31} & a_{32} & a_{33} \end{vmatrix} = \epsilon_{rst} a_{r1} a_{s2} a_{t3}$$

が成立する．

1-4. 任意のベクトル $\boldsymbol{x}$ は $\boldsymbol{x} = x_i \boldsymbol{e}_i = x'_j \boldsymbol{e}'_j$ と書ける．一方，座標変換は

$$x'_j = \alpha_{ji} x_i$$

なので，$x_i \boldsymbol{e}_i = x'_j \boldsymbol{e}'_j$ に代入すると

$$x_i \boldsymbol{e}_i = \alpha_{ji} x_i \boldsymbol{e}'_j$$

より

$$\boldsymbol{e}_i = \alpha_{ji} \boldsymbol{e}'_j$$

を得る．同様にして，$\boldsymbol{e}'_i = \alpha_{ij} \boldsymbol{e}_j$ も得る．

第2章の発展問題の解答

2-1. 式 (2.15) より

$$A'_i = A_i + u_{i,j} A_j = (\delta_{ij} + u_{i,j}) A_j$$
$$B'_i = B_i + u_{i,j} B_j = (\delta_{ij} + u_{i,j}) B_j$$

よって，

$$\boldsymbol{A}' \cdot \boldsymbol{B}' = A'_k B'_k$$
$$= (\delta_{ki} + u_{k,i})A_i(\delta_{kj} + u_{k,j})B_j$$
$$= (\delta_{ki}\delta_{kj} + u_{k,j}\delta_{ki} + u_{k,i}\delta_{kj} + u_{k,i}u_{k,j})A_i B_j$$
$$= A_i B_i + (u_{i,j} + u_{j,i} + u_{k,i}u_{k,j})A_i B_j$$
$$= \boldsymbol{A} \cdot \boldsymbol{B} + 2E_{ij}A_i B_j$$

ここで

$$E_{ij} \equiv \frac{1}{2}(u_{i,j} + u_{j,i} + u_{k,i}u_{k,j})$$

であり,「グリーンの歪テンソル」とよばれる.微小変形の場合, 2 次以上の項は微小量となるので, $u_{k,i}u_{k,j} \ll 1$ より,

$$E_{ij} \approx \frac{1}{2}(u_{i,j} + u_{j,i}) = e_{ij}$$

となる.よって,

$$\boldsymbol{A}' \cdot \boldsymbol{B}' - \boldsymbol{A} \cdot \boldsymbol{B} = 2e_{ij}A_i B_j$$

が成立する.グリーンテンソルは大変形の場合を含む歪テンソルである.変形が剛体回転のみの場合,変形前後でベクトルの内積は変わらないので $E_{ij} = e_{ij} = 0$ となる.

2-2. 固有方程式

$$\begin{vmatrix} 5-e & -1 & -1 \\ -1 & 4-e & 0 \\ -1 & 0 & 4-e \end{vmatrix} = 0$$

を解くと $e = 6, 4, 3$ を得る.

主歪が 6 の場合,主軸の方向は,

$$\begin{pmatrix} x \\ y \\ z \end{pmatrix} = \begin{pmatrix} \mp \frac{2}{\sqrt{6}} \\ \pm \frac{1}{\sqrt{6}} \\ \pm \frac{1}{\sqrt{6}} \end{pmatrix}.$$

主歪が 4 の場合，主軸の方向は，

$$\begin{pmatrix} x \\ y \\ z \end{pmatrix} = \begin{pmatrix} 0 \\ \pm \frac{1}{\sqrt{2}} \\ \mp \frac{1}{\sqrt{2}} \end{pmatrix}.$$

主歪が 3 の場合，主軸の方向は，

$$\begin{pmatrix} x \\ y \\ z \end{pmatrix} = \begin{pmatrix} \pm \frac{1}{\sqrt{3}} \\ \pm \frac{1}{\sqrt{3}} \\ \pm \frac{1}{\sqrt{3}} \end{pmatrix}.$$

2-3. 歪成分は変位成分を用いて

$$2e_{ij} = u_{i,j} + u_{j,i}$$

と表せる．両辺の空間 2 階微分をとると

$$2e_{ij,kl} = u_{i,jkl} + u_{j,ikl}$$

$$2e_{kl,ij} = u_{k,lij} + u_{l,kij}$$

$$2e_{jl,ik} = u_{j,lik} + u_{l,jik}$$

$$2e_{ik,jl} = u_{i,kjl} + u_{k,ijl}$$

となる．上式から変位成分を消去すると

$$e_{ij,kl} + e_{kl,ij} - e_{jl,ik} - e_{ik,jl} = 0$$

が成立する．

2-4. 略

2-5. $\boldsymbol{x} = (x_1, x_2, x_3)$ が歪の主軸のとき，$e_{ij}x_j = ex_i$ が成立する．

$$e'_{ij} = e_{ij} - \frac{1}{3}e_{kk}\delta_{ij}$$

の両辺に x_j をかけると

$$\begin{aligned}e'_{ij}x_j &= (e_{ij} - \frac{1}{3}e_{kk}\delta_{ij})x_j \\ &= e_{ij}x_j - \frac{1}{3}e_{kk}\delta_{ij}x_j \\ &= ex_i - \frac{1}{3}e_{kk}x_i \\ &= \left(e - \frac{1}{3}e_{kk}\right)x_i\end{aligned}$$

ここで $e - \frac{1}{3}e_{kk}$ はスカラーなので，$e - \frac{1}{3}e_{kk} = e'$ とおくと

$$e'_{ij}x_j = e'x_i$$

となり，e'_{ij} の主軸は e_{ij} の主軸と一致することがわかる．

2-6. (a) $e_{xx} = y^2$, $e_{yy} = x^2$, $e_{xy} = cxy$ (c : 定数) より

$$\frac{\partial^2 e_{xy}}{\partial x \partial y} = c$$

$$\frac{\partial^2 e_{xx}}{\partial y^2} = 2$$

$$\frac{\partial^2 e_{yy}}{\partial x^2} = 2$$

となるので，$c = 2$ を得る．

(b) $e_{xx} = e_{yy} = \alpha T(x,y)$, $e_{xy} = 0$ より，

$$\frac{\partial^2 e_{xy}}{\partial x \partial y} = 0$$

$$\frac{\partial^2 e_{xx}}{\partial y^2} = \alpha \frac{\partial^2 T}{\partial y^2}$$

$$\frac{\partial^2 e_{yy}}{\partial x^2} = \alpha \frac{\partial^2 T}{\partial x^2}$$

となるので，適合方程式に代入すると，T が満たすべき方程式は，

$$\alpha\left(\frac{\partial^2 T}{\partial x^2} + \frac{\partial^2 T}{\partial y^2}\right) = 0$$

となる．これは，定常状態の 2 次元熱伝導方程式である．

2-7.

$$e_{rr} = \frac{\partial u_r}{\partial r}, \qquad e_{\theta\theta} = \frac{1}{r}\left(u_r + \frac{\partial u_\theta}{\partial \theta}\right), \qquad e_{zz} = \frac{\partial u_z}{\partial z}$$

$$e_{r\theta} = \frac{1}{2}\left(\frac{1}{r}\frac{\partial u_r}{\partial \theta} + \frac{\partial u_\theta}{\partial r} - \frac{u_\theta}{r}\right), \qquad e_{\theta z} = \frac{1}{2}\left(\frac{1}{r}\frac{\partial u_z}{\partial \theta} + \frac{\partial u_\theta}{\partial z}\right)$$

$$e_{zr} = \frac{1}{2}\left(\frac{\partial u_z}{\partial r} + \frac{\partial u_r}{\partial z}\right).$$

第 3 章の発展問題の解答

3-1. 直交する 2 辺が x_1 軸，x_2 軸に一致し，斜辺の長さが 1 で，単位厚さの三角形の板を考える．斜辺の法線 $\boldsymbol{n}$ と x_1 軸のなす角を θ とする．

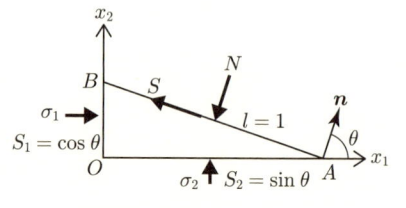

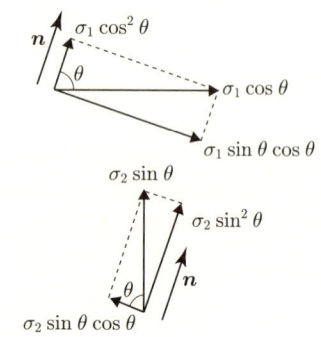

　面 OA と面 OB の面積はそれぞれ $S_2 = \sin\theta$，$S_1 = \cos\theta$ なので，面 OA，OB に垂直に作用する力はそれぞれ $\sigma_2 \sin\theta$，$\sigma_1 \cos\theta$ である．

　このとき，力 $\sigma_1 \cos\theta$ の法線 $\boldsymbol{n}$ 方向の成分は $\sigma_1 \cos^2\theta$，$\boldsymbol{n}$ に直交する方向の成分は $\sigma_1 \sin\theta \cos\theta$ である．力 $\sigma_2 \sin\theta$ の法線 $\boldsymbol{n}$ 方向の成分は $\sigma_2 \sin^2\theta$，$\boldsymbol{n}$ に直交方向の成分は $\sigma_2 \sin\theta \cos\theta$ である．

　いま面 AB に生じる法線応力を N，せん断応力を S とし，力のつり合いを考えると，

$$N = \sigma_1 \cos^2 \theta + \sigma_2 \sin^2 \theta$$
$$S = \sigma_1 \sin \theta \cos \theta - \sigma_2 \sin \theta \cos \theta$$

となる．三角形の倍角の公式を用いて整理すると
$$N = \frac{\sigma_1 + \sigma_2}{2} + \frac{\sigma_1 - \sigma_2}{2} \cos 2\theta$$
$$S = \frac{\sigma_1 - \sigma_2}{2} \sin 2\theta$$

となる．θ を消去すると，
$$\left(N - \frac{\sigma_1 + \sigma_2}{2}\right)^2 + S^2 = \left(\frac{\sigma_1 - \sigma_2}{2}\right)^2$$

を得る．

3-2. $\sigma_1 > \sigma_2$ なので，σ_1 を大きくしていくとモール円は大きくなる．σ_1 が小さい間はモール円はクーロンの破壊基準の直線の下方にあるが，σ_1 がある値になると直線と接する．このとき，モール円と直線が接する点によって決まる面で破壊が生じることが期待される．つまり，σ_2 が一定のとき，クーロンの破壊基準を満たすためには，差応力 $\sigma_1 - \sigma_2$ を大きくしていけばよいことがわかる．

一方，差応力 $\sigma_1 - \sigma_2$ が一定の場合には，モール円の半径は一定である．この状態でクーロンの破壊基準を満たすためには，モール円を原点方向に近づけていく必要がある．つまり，σ_1 と σ_2 をその差を一定にしたまま小さくすればよい．

3-3.
$$\frac{\partial \sigma_{rr}}{\partial r} + \frac{1}{r}(\sigma_{rr} - \sigma_{\theta\theta}) + \frac{1}{r}\frac{\partial \sigma_{r\theta}}{\partial \theta} + \frac{\partial \sigma_{zr}}{\partial z} + F_r = 0$$
$$\frac{1}{r}\frac{\partial \sigma_{\theta\theta}}{\partial \theta} + \frac{\partial \sigma_{r\theta}}{\partial r} + \frac{2}{r}\sigma_{r\theta} + \frac{\partial \sigma_{\theta z}}{\partial z} + F_\theta = 0$$
$$\frac{\partial \sigma_{zz}}{\partial z} + \frac{\partial \sigma_{zr}}{\partial r} + \frac{1}{r}\frac{\partial \sigma_{\theta z}}{\partial \theta} + \frac{1}{r}\sigma_{zr} + F_z = 0.$$

第4章の発展問題の解答

4-1. $\sigma_{ii} = (3\lambda + 2\mu)e_{ii}$ より

$$e_{ij} = \frac{-\lambda \delta_{ij}}{2\mu(3\lambda + 2\mu)}\sigma_{kk} + \frac{1}{2\mu}\sigma_{ij}.$$

ポアソン比とヤング率を用いると

$$e_{ij} = \frac{1+\nu}{E}\sigma_{ij} - \frac{\nu}{E}\delta_{ij}\sigma_{kk}.$$

4-2. x 軸方向以外が固定されているので，y 軸，z 軸方向の歪は 0 となる．つまり，$e_{yy} = e_{zz} = 0$ である．このとき，$\theta = e_{xx} + e_{yy} + e_{zz} = e_{xx}$ なので，式 (4.6) より

$$\sigma_{xx} = \lambda e_{xx} + 2\mu e_{xx} = (\lambda + 2\mu)e_{xx}$$

となる．よって，みかけのヤング率 E' は

$$E' = \lambda + 2\mu = \frac{(1-\nu)E}{(1-2\nu)(1+\nu)}$$

となる．ここで，

$$E' = \left(1 + \frac{2\nu^2}{(1-2\nu)(1+\nu)}\right)E$$

と変形できるので，$-1 < \nu < 0.5$ を考慮すると

$$E' \geq E$$

となる．つまり，棒の側面方向に変形しないように補強することで棒の引っ張り強度を大きくすることができる．

4-3. 棒の中心を $x = y = 0$，棒の下端を $z = 0$ とし，鉛直上方を z 軸正の向きとする．棒にかかる体積力は自重のみであり，$F_z = -\rho g$ となる．この場合，応力の主軸は z 軸方向なので，せん断応力は生じない．つまり，$\sigma_{xy} = \sigma_{yz} = \sigma_{zx} = 0$ である．z 軸方向の平衡方程式 $\sigma_{jz,j} + F_z = 0$ より

$$\frac{\partial \sigma_{zz}}{\partial z} = \rho g.$$

x 軸，y 軸の平衡方程式より

$$\frac{\partial \sigma_{xx}}{\partial x} = 0$$

$$\frac{\partial \sigma_{yy}}{\partial y} = 0$$

となる．棒の上端 $(z = l)$ では $\sigma_{xx} = \sigma_{yy} = \sigma_{zz} = 0$ なので，

$$\sigma_{zz} = \rho g(z - l)$$

$$\sigma_{xx} = \sigma_{yy} = 0$$

となる．したがって，式 (4.55) と式 (4.56) より

$$e_{zz} = \frac{\sigma_{zz}}{E} = \frac{\rho g}{E}(z - l)$$

$$e_{xx} = e_{yy} = -\frac{\nu}{E}\sigma_{zz} = -\frac{\nu}{E}\rho g(z - l)$$

を得る．$e_{zz} = \frac{\partial u_z}{\partial z}$, $e_{xx} = \frac{\partial u_x}{\partial x}$, $e_{yy} = \frac{\partial u_y}{\partial y}$ と変位の境界条件 ($x = y = z = 0$ で $u_z = 0$, $x = y = 0$ で $u_x = u_y = 0$), $e_{xy} = e_{yz} = e_{zx} = 0$ より，

$$u_x = -\frac{\nu}{E}\rho g(z - l)x$$

$$u_y = -\frac{\nu}{E}\rho g(z - l)y$$

$$u_z = \frac{1}{2E}\rho g \left[(z - l)^2 - l^2 + \nu\left(x^2 + y^2\right)\right]$$

となる．

4-4. 円筒の長さを l，内半径の縮みを Δr とする．このとき，ポアソン比 ν は

$$\nu = -\frac{-\Delta r/r}{\Delta l/l}$$

$$\therefore \Delta r = \nu r \frac{\Delta l}{l}.$$

変形後の中空部分の体積は

$$V = (l + \Delta l) \cdot \pi (r - \Delta r)^2$$
$$= (l + \Delta l) \cdot \pi \left(r - \nu r \frac{\Delta l}{l} \right)^2$$
$$\approx l\pi r^2 \left(1 + \frac{\Delta l}{l} - 2\nu \frac{\Delta l}{l} \right)$$

となる．なお，上式では，2次以上の微小項を無視している．したがって，体積の増加分 ΔV は

$$\Delta V = V - \pi r^2 l$$
$$= \pi r^2 \Delta l (1 - 2\nu)$$
$$\therefore \nu = \frac{1}{2} \left(1 - \frac{\Delta V}{\pi r^2 \Delta l} \right).$$

第 5 章の発展問題の解答

5-1. 式 (5.2) に式 (5.6) を代入する．

$$\sigma_{ij} = \lambda \delta_{ij} u_{k,k} + \mu (u_{i,j} + u_{j,i}).$$

この式を式 (5.1) に代入して整理し，弾性定数が場所に依存しないとすると

$$\mu \nabla^2 u_i + (\lambda + \mu) u_{j,ij} + F_i = 0$$

が導ける．

5-2. 式 (4.14) を式 (5.8) に代入すると，

$$\sigma_{ij,kl} + \sigma_{kl,ij} - \sigma_{ik,jl} - \sigma_{jl,ik}$$
$$= \frac{\nu}{1+\nu} (\delta_{ij} \sigma_{mm,kl} + \delta_{kl} \sigma_{mm,ij} - \delta_{ik} \sigma_{mm,jl} - \delta_{jl} \sigma_{mm,ik}).$$

式 (2.20)〜(2.25) によれば，独立な適合方程式は 6 つであり，$k = l$ の場合である．よって，$k = l$ のとき，$\sigma_{ij,kl} = \nabla^2 \sigma_{ij}$ を用いることで上式は

$$\nabla^2 \sigma_{ij} + \sigma_{mm,ij} - \sigma_{ik,jk} - \sigma_{jk,ik}$$
$$= \frac{\nu}{1+\nu}(\delta_{ij}\nabla^2 \sigma_{mm} + \sigma_{mm,ij})$$

となる．平衡方程式 $\sigma_{ki,k} + F_i = 0$ を x_j について微分すると $\sigma_{ik,jk} + F_{i,j} = 0$ なので，

$$\nabla^2 \sigma_{ij} + \frac{1}{1+\nu}\sigma_{mm,ij} - \frac{\nu}{1+\nu}\delta_{ij}\nabla^2 \sigma_{mm} = -(F_{i,j} + F_{j,i})$$

を得る．次に $i = j$ として，i について和をとると

$$\nabla^2 \sigma_{mm} = -\frac{1+\nu}{1-\nu}F_{i,i} = -\frac{1+\nu}{1-\nu}\nabla \cdot \boldsymbol{F}$$

となるので，この式を1つ上の式に代入すると

$$\nabla^2 \sigma_{ij} + \frac{1}{1+\nu}\sigma_{mm,ij} = -\frac{\nu}{1-\nu}\delta_{ij}\nabla \cdot \boldsymbol{F} - (F_{i,j} + F_{j,i})$$

が導ける．

したがって，独立な式は次に示す6つになる．

$$\nabla^2 \sigma_{xx} + \frac{1}{1+\nu}\frac{\partial^2 \sigma_{mm}}{\partial x^2} = -\frac{\nu}{1-\nu}\nabla \cdot \boldsymbol{F} - 2\frac{\partial F_x}{\partial x}$$

$$\nabla^2 \sigma_{yy} + \frac{1}{1+\nu}\frac{\partial^2 \sigma_{mm}}{\partial y^2} = -\frac{\nu}{1-\nu}\nabla \cdot \boldsymbol{F} - 2\frac{\partial F_y}{\partial y}$$

$$\nabla^2 \sigma_{zz} + \frac{1}{1+\nu}\frac{\partial^2 \sigma_{mm}}{\partial z^2} = -\frac{\nu}{1-\nu}\nabla \cdot \boldsymbol{F} - 2\frac{\partial F_z}{\partial z}$$

$$\nabla^2 \sigma_{yz} + \frac{1}{1+\nu}\frac{\partial^2 \sigma_{mm}}{\partial y \partial z} = -(\frac{\partial F_y}{\partial z} + \frac{\partial F_z}{\partial y})$$

$$\nabla^2 \sigma_{zx} + \frac{1}{1+\nu}\frac{\partial^2 \sigma_{mm}}{\partial z \partial x} = -(\frac{\partial F_z}{\partial x} + \frac{\partial F_x}{\partial z})$$

$$\nabla^2 \sigma_{xy} + \frac{1}{1+\nu}\frac{\partial^2 \sigma_{mm}}{\partial x \partial y} = -(\frac{\partial F_x}{\partial y} + \frac{\partial F_y}{\partial x}).$$

5-3. 式 (4.14) を式 (5.18) に代入する.

$$\begin{aligned}W &= \frac{1}{2}e_{ij}\sigma_{ij} \\ &= \frac{1+\nu}{2E}\sigma_{ij}\sigma_{ij} - \frac{\nu}{2E}\sigma_{ii}\sigma_{jj} \\ &= \frac{1}{2E}\left[\sigma_{xx}^2 + \sigma_{yy}^2 + \sigma_{zz}^2 - 2\nu\left(\sigma_{xx}\sigma_{yy} + \sigma_{yy}\sigma_{zz} + \sigma_{zz}\sigma_{xx}\right)\right] \\ &\quad + \frac{1+\nu}{E}\left(\sigma_{xy}^2 + \sigma_{yz}^2 + \sigma_{zx}^2\right).\end{aligned}$$

5-4. 例えば,例題 28 の結果を用いると,

$$\frac{\partial W}{\partial e_{xx}} = \frac{E\nu}{(1+\nu)(1-2\nu)}(e_{xx} + e_{yy} + e_{zz}) + \frac{E}{1+\nu}e_{xx}$$

一方で,式 (4.13) より

$$\sigma_{xx} = \frac{E\nu}{(1+\nu)(1-2\nu)}(e_{xx} + e_{yy} + e_{zz}) + \frac{E}{1+\nu}e_{xx}$$

となる.したがって,

$$\frac{\partial W}{\partial e_{xx}} = \sigma_{xx}$$

を得る.

他の成分も同様にして

$$\sigma_{ij} = \frac{\partial W}{\partial e_{ij}}$$

を得る.上記と同じ手順で,

$$e_{ij} = \frac{\partial W}{\partial \sigma_{ij}}$$

も証明できる.

5-5. $\sigma_{ij} = C_{ijkl}e_{kl}$ より

$$C_{ijkl} = \frac{\partial \sigma_{ij}}{\partial e_{kl}} = \frac{\partial^2 W}{\partial e_{kl}\partial e_{ij}} = \frac{\partial^2 W}{\partial e_{ij}\partial e_{kl}} = \frac{\partial \sigma_{kl}}{\partial e_{ij}} = C_{klij}$$

よって,

$$C_{ijkl} = C_{klij}.$$

上式にフォークト表記を用いると $c_{ij} = c_{ji}$ となる.

第 6 章の発展問題の解答

6-1. 平面歪状態では σ_{xx}, σ_{yy}, σ_{zz} は 0 にならないので，応力と歪の関係は 3 次元問題と同様に式 (6.8) で表すことができる．平衡方程式は式 (6.8) を $\sigma_{ji,j} + F_i = 0$ に代入することで得られる．平面歪状態では $e_{zz} = u_{z,z} = 0$ であり，

$$\sigma_{xx} + \sigma_{yy} + \sigma_{zz} = (1+\nu)(\sigma_{xx} + \sigma_{yy})$$

となる．この関係を用いれば，平面応力状態の場合と同じようにして応力の適合方程式を導くことができる．

6-2. 体積力が 0 のとき平衡方程式は $\sigma_{ji,j} = 0$ となるので

$$\sigma_{xx,x} + \sigma_{yx,y} = 0 \quad \rightarrow \quad \frac{\partial^3 \chi}{\partial x \partial y^2} - \frac{\partial^3 \chi}{\partial x \partial y^2} = 0$$

$$\sigma_{xy,x} + \sigma_{yy,y} = 0 \quad \rightarrow \quad \frac{\partial^3 \chi}{\partial x^2 \partial y} - \frac{\partial^3 \chi}{\partial x^2 \partial y} = 0.$$

したがって，エアリーの応力関数は常に平衡方程式を満足する．

応力の適合方程式

$$\nabla^2 \sigma_{kk} = \left(\frac{\partial^2}{\partial x^2} + \frac{\partial^2}{\partial y^2} \right)(\sigma_{xx} + \sigma_{yy}) = 0$$

より

$$\frac{\partial^4 \chi}{\partial x^4} + 2 \frac{\partial^4 \chi}{\partial x^2 \partial y^2} + \frac{\partial^4 \chi}{\partial y^4} = 0.$$

よって

$$\nabla^4 \chi = 0.$$

つまり，エアリーの応力関数は重調和関数でなくてはならない．

6-3. この問題では極座標系を用いると便利である．式 (6.21) にエアリーの応力関数を代入すると

$$\sigma_{rr} = 2A$$

$$\sigma_{\theta\theta} = 2A$$

$$\sigma_{r\theta} = 0$$

となる．境界条件は $r=a$ において $\sigma_{rr}=-P_0$ なので

$$2A = -P_0$$

となる．よって，$\sigma_{rr}=\sigma_{\theta\theta}=-P_0$, $\sigma_{r\theta}=0$ である．円盤内での応力状態は 2 次元等方圧縮応力状態になることがわかる．

6-4. 軸対称の変形なので，式 (6.21) より

$$\sigma_{rr} = \frac{1}{r}\frac{\partial \chi}{\partial r}, \quad \sigma_{\theta\theta} = \frac{\partial^2 \chi}{\partial r^2}, \quad \sigma_{r\theta} = 0$$

である．一方，歪は式 (6.18) より

$$e_{rr} = \frac{\partial u_r}{\partial r}, \quad e_{\theta\theta} = \frac{u_r}{r}, \quad e_{r\theta} = 0$$

なので，

$$e_{rr} = \frac{\partial}{\partial r}(re_{\theta\theta})$$

となる．平面歪状態が成り立っているとすると，式 (4.14) と $\sigma_{zz} = \nu(\sigma_{rr}+\sigma_{\theta\theta})$ の関係より，

$$e_{rr} = \frac{1+\nu}{E}[(1-\nu)\sigma_{rr} - \nu\sigma_{\theta\theta}]$$
$$e_{\theta\theta} = \frac{1+\nu}{E}[(1-\nu)\sigma_{\theta\theta} - \nu\sigma_{rr}]$$
$$e_{zz} = 0.$$

この式と $e_{rr} = \frac{\partial}{\partial r}(re_{\theta\theta})$ より，

$$\sigma_{rr} - \sigma_{\theta\theta} = r\frac{\partial}{\partial r}[(1-\nu)\sigma_{\theta\theta} - \nu\sigma_{rr}]$$

となり，エアリーの応力関数を含む式に書き換えると

$$\frac{\partial^3 \chi}{\partial r^3} + \frac{1}{r}\frac{\partial^2 \chi}{\partial r^2} - \frac{1}{r^2}\frac{\partial \chi}{\partial r} = 0$$
$$\frac{\partial}{\partial r}\left[\frac{1}{r}\frac{\partial}{\partial r}\left(r\frac{\partial \chi}{\partial r}\right)\right] = 0$$

を得る．上式を積分すると $\chi = A + B\ln r + Cr^2$ (A, B, C は定数) と

なる．

6-5.
$$\sigma_{rr} = \frac{1}{r}\frac{\partial \chi}{\partial r}, \quad \sigma_{\theta\theta} = \frac{\partial^2 \chi}{\partial r^2}, \quad \sigma_{r\theta} = 0$$

より，
$$\sigma_{rr} = \frac{B}{r^2} + 2C, \quad \sigma_{\theta\theta} = -\frac{B}{r^2} + 2C, \quad \sigma_{r\theta} = 0$$

となる．加えて，境界条件より
$$B = \frac{a^2 b^2 (P_b - P_a)}{b^2 - a^2}, \quad C = \frac{P_a a^2 - P_b b^2}{2(b^2 - a^2)}$$

となるので，応力成分は
$$\sigma_{rr} = \frac{a^2}{b^2 - a^2}\left[\left(1 - \frac{b^2}{r^2}\right)P_a - \left(\frac{b^2}{a^2} - \frac{b^2}{r^2}\right)P_b\right]$$
$$\sigma_{\theta\theta} = \frac{a^2}{b^2 - a^2}\left[\left(1 + \frac{b^2}{r^2}\right)P_a - \left(\frac{b^2}{a^2} + \frac{b^2}{r^2}\right)P_b\right]$$
$$\sigma_{r\theta} = 0$$

となる．

応力成分が求まったので，フックの法則を用いて歪成分を求め，さらに変位成分も計算することができる．上式に $\frac{a}{b} = \frac{1}{2}$, $P_a = 0$ を代入すると
$$\sigma_{rr} = -\frac{1}{3}\left(4 - \frac{b^2}{r^2}\right)P_b$$
$$\sigma_{\theta\theta} = -\frac{1}{3}\left(4 + \frac{b^2}{r^2}\right)P_b$$

となる．よって，σ_{rr} は $r = b$ のとき，つまり外周で最大で $|\sigma_{rr}| = P_b$ となり，$r = a$ のとき，つまり内周で最小で $|\sigma_{rr}| = 0$ となる．一方，$\sigma_{\theta\theta}$ は $r = a$ の内周において最大で $|\sigma_{\theta\theta}| = \frac{8}{3}P_b$ なり，$r = b$ の外周において最小で $|\sigma_{\theta\theta}| = \frac{5}{3}P_b$ となる．

このことは，中空の円筒では，その内壁で応力 $\sigma_{\theta\theta}$ が外力 P_b よりも大きくなることを表している．つまり，円筒の内壁には応力集中がおきることになる．

索 引

【英数字】
P 波 111
S 波 111

【あ】
運動方程式 110
エアリーの応力関数 123
エディントンのイプシロン 4
応力 42
応力テンソル 42
応力の適合方程式 109
応力ベクトル 42, 44

【か】
回転行列 6, 139
回転テンソル 18
奇置換 4
均質等方弾性体 69
偶置換 4
クーロンの破壊基準 46, 64
グリーンの歪テンソル 18, 96
クロネッカーのデルタ 4
工学的せん断歪 21
剛性率 71, 97
剛体運動 16
交代記号 4

コーシーの関係式 44, 54, 109
固有値 23, 44
固有ベクトル 24, 44
固有方程式 23, 44
コンプライアンス 68

【さ】
最小主応力 44
最大主応力 44
差応力 44
座標変換行列 6, 139
サンブナンの原理 125
自然状態 116
自由指標 7
重調和関数 124
主応力 44
主応力軸 44
主軸 23
主歪 23
純粋せん断 31
垂直歪 20
せん断応力 43
せん断歪 21
総和規約 3
塑性変形 2

【た】

対称テンソル 18, 43
体積弾性率 70, 99
体積歪 24, 37
体積力 42
縦波 111
縦歪 20
ダミー指標 4
単純せん断 32
弾性定数 68
中間主応力 44
直交異方性 78
適合方程式 25, 109
テンソル 6, 140
等方弾性体 68, 91
トレース 14

【な】

ナビエの式 109, 110

【は】

歪 16
歪エネルギー 112
歪テンソル 18
歪の適合方程式 25, 109
表面力 42

【ふ】

フォークト表記 68
フックの法則 2, 67
不変量 14, 24
平衡方程式 44, 108
平面応力状態 120
平面歪状態 122
ベルトラミ・ミッチェルの適合方程式 109
変位勾配 16
変形 16
偏差歪 40
ポアソン比 70, 94
方向余弦 5, 139
法線応力 43

【ま】

面積歪 36, 38
モール円 45

【や】

ヤング率 70, 94
横波 111

【ら】

ラメの定数 68

著者紹介

中島淳一（なかじま じゅんいち）

2003 年	東北大学大学院理学研究科地球物理学専攻博士課程修了　博士（理学）
2003 年	東北大学大学院理学研究科助手（2007 年から助教）
2009 年	東北大学大学院理学研究科准教授
2015 年	東京工業大学大学院理工学研究科地球惑星科学専攻教授
専　門	地震学
受　賞	2007 年日本地震学会若手学術奨励賞

三浦　哲（みうら さとし）

1984 年	東北大学大学院理学研究科中退
1985 年	東北大学理学部助手
2003 年	東北大学大学院理学研究科助教授（2007 年から准教授）
2010 年	東北大学大学院理学研究科教授
2011 年	東京大学地震研究所教授
2013 年	東北大学大学院理学研究科教授
専　門	固体地球物理学
著　書	『現代地球科学入門シリーズ 8 測地・津波』（共著，2013 年，共立出版），『海洋調査フロンティア・海を計測する―増補版―』（分担，2004 年，海洋調査技術学会）等.

フロー式 物理演習シリーズ 16

弾性体力学
変形の物理を理解するために

Theory of Elasticity:
For Understanding of the Physics of Deformation

2014 年 7 月 25 日　初版 1 刷発行
2023 年 9 月 15 日　初版 4 刷発行

著　者　中島淳一　ⓒ 2014
　　　　三浦　哲

監　修　須藤彰三
　　　　岡　真

発行者　南條光章

発行所　共立出版株式会社
東京都文京区小日向 4-6-19
電話　03-3947-2511（代表）
郵便番号　112-0006
振替口座　00110-2-57035
URL　www.kyoritsu-pub.co.jp

印　刷　大日本法令印刷

製　本　協栄製本

一般社団法人　自然科学書協会　会員

検印廃止
NDC 423.7
ISBN 978-4-320-03515-7

Printed in Japan

JCOPY ＜出版者著作権管理機構委託出版物＞
本書の無断複製は著作権法上での例外を除き禁じられています．複製される場合は，そのつど事前に，出版者著作権管理機構（TEL：03-5244-5088，FAX：03-5244-5089，e-mail：info@jcopy.or.jp）の許諾を得てください．

極座標系における基礎方程式

歪と変位の関係

$$e_{rr} = \frac{\partial u_r}{\partial r}$$

$$e_{\theta\theta} = \frac{1}{r}\frac{\partial u_\theta}{\partial \theta} + \frac{u_r}{r}$$

$$e_{r\theta} = \frac{1}{2}\left(\frac{1}{r}\frac{\partial u_r}{\partial \theta} + \frac{\partial u_\theta}{\partial r} - \frac{u_\theta}{r}\right)$$

平衡方程式

$$\frac{\partial \sigma_{rr}}{\partial r} + \frac{1}{r}\frac{\partial \sigma_{r\theta}}{\partial \theta} + \frac{\sigma_{rr} - \sigma_{\theta\theta}}{r} + F_r = 0$$

$$\frac{\partial \sigma_{r\theta}}{\partial r} + \frac{1}{r}\frac{\partial \sigma_{\theta\theta}}{\partial \theta} + \frac{2}{r}\sigma_{r\theta} + F_\theta = 0$$

ラプラシアン

$$\nabla^2 = \frac{\partial^2}{\partial r^2} + \frac{1}{r}\frac{\partial}{\partial r} + \frac{1}{r^2}\frac{\partial^2}{\partial \theta^2}$$

エアリーの応力関数（体積力が 0 の場合）

$$\sigma_{rr} = \frac{1}{r}\frac{\partial \chi}{\partial r} + \frac{1}{r^2}\frac{\partial^2 \chi}{\partial \theta^2}$$

$$\sigma_{\theta\theta} = \frac{\partial^2 \chi}{\partial r^2}$$

$$\sigma_{r\theta} = \frac{1}{r^2}\frac{\partial \chi}{\partial \theta} - \frac{1}{r}\frac{\partial^2 \chi}{\partial r \partial \theta}$$

弾性定数間の変換式

	E	μ	λ	K	ν
λ, μ	$\dfrac{\mu(3\lambda+2\mu)}{\lambda+\mu}$	μ	λ	$\dfrac{3\lambda+2\mu}{3}$	$\dfrac{\lambda}{2(\lambda+\mu)}$
E, K	E	$\dfrac{3EK}{9K-E}$	$\dfrac{3K(3K-E)}{9K-E}$	K	$\dfrac{3K-E}{6K}$
E, ν	E	$\dfrac{E}{2(1+\nu)}$	$\dfrac{\nu E}{(1+\nu)(1-2\nu)}$	$\dfrac{E}{3(1-2\nu)}$	ν
μ, K	$\dfrac{9K\mu}{3K+\mu}$	μ	$\dfrac{3K-2\mu}{3}$	K	$\dfrac{3K-2\mu}{6K+2\mu}$
μ, ν	$2(1+\nu)\mu$	μ	$\dfrac{2\nu\mu}{1-2\nu}$	$\dfrac{2(1+\nu)\mu}{3(1-2\nu)}$	ν